DINOSAURIER REKORDE

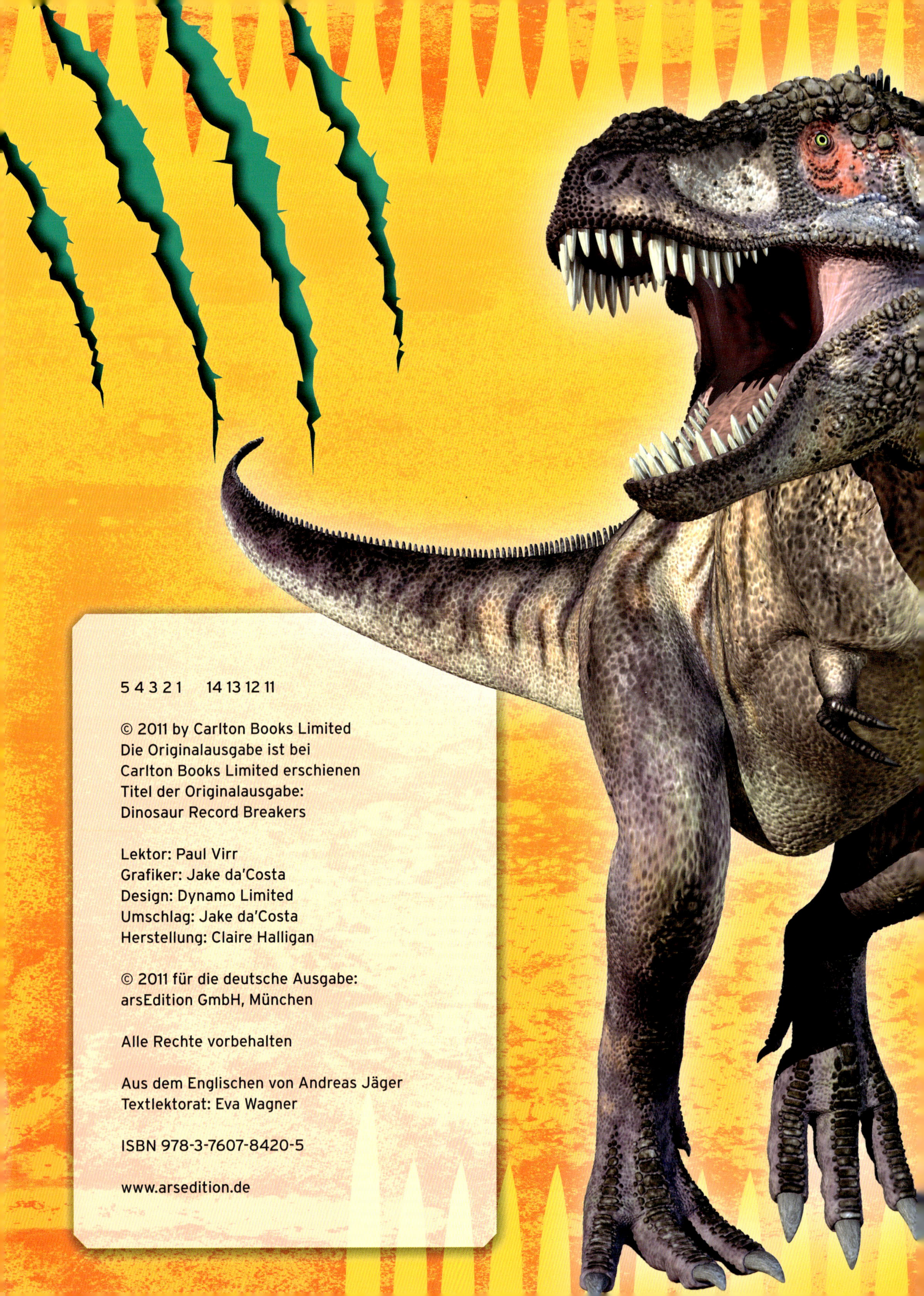

5 4 3 2 1 14 13 12 11

Die Originalausgabe ist bei
Carlton Books Limited erschienen
Titel der Originalausgabe:
Dinosaur Record Breakers

Lektor: Paul Virr
Grafiker: Jake da'Costa
Design: Dynamo Limited
Umschlag: Jake da'Costa
Herstellung: Claire Halligan

Aus dem Englischen von Andreas Jäger
Textlektorat: Eva Wagner

ISBN 978-3-7607-8420-5

www.arsedition.de

DINOSAURIER
REKORDE
MEGASTARKE
DINO-FAKTEN
• die Größten!
• die Schnellsten!
• die Gefährlichsten!
Darren Naish
arsEdition

Der Autor

Dr. Darren Naish ist als Paläontologe und Wissenschaftsjournalist Spezialist für Dinosaurier und andere prähistorische Lebewesen. Wenn er gerade mal keine Dinosaurier oder prähistorische Reptilien ausbuddelt, schreibt er über sie! Er arbeitet als wissenschaftlicher Mitarbeiter an der University of Portsmouth in England.

Ständig werden auf dem Gebiet der Dinosaurier neue Entdeckungen gemacht, und es gibt noch immer vieles, was wir über diese Tiere nicht wissen. Manchmal können wir nur Vermutungen anstellen, etwa, indem wir die Dinosaurier mit heute lebenden Tieren vergleichen. So kann zum Beispiel niemand genau sagen, wie schnell die meisten Dinosaurier waren – aber man kann ihre Geschwindigkeit schätzen, wenn man sich anschaut, wie schnell heutige Tiere sind.

Experten wie Dr. Naish müssen manchmal schwierige Wörter benutzen, um die Dinosaurier zu beschreiben. Im Glossar auf Seite 128 findest du sie alle erklärt.

Inhaltsverzeichnis

Dinosaurier-Champions

250 bis 65 Jahrmillionen vor unserer Zeit war die Erde von einer Vielzahl höchst erstaunlicher Lebewesen bevölkert. Am erfolgreichsten von allen war eine Gruppe von Reptilien, die an Land lebten: die Dinosaurier!

Manche Dinosaurier wurden riesengroß, und viele waren mit mächtigen Panzern, Hörnern, Stacheln oder Klauen bewehrt. In diesem Buch findest du die schnellsten, größten und gefährlichsten Dinos – und viele andere ungewöhnliche Rekordhalter.

Die Dinos sind die Größten!

Über 150 Millionen Jahre lang waren Dinosaurier die erfolgreichsten Landtiere. Keine andere Gruppe von Tieren spielte über eine so lange Zeit eine so wichtige Rolle. Im Gegensatz dazu gibt es Menschen »erst« seit wenigen Millionen Jahren.

Wo sind sie geblieben?

Doch die Herrschaft der Dinosaurier währte nicht ewig. Vor 65 Millionen Jahren löschte sie eine der größten Naturkatastrophen aller Zeiten fast vollständig aus. Nur wenige überlebten – und entwickelten sich wahrscheinlich zu den heutigen Vögeln!

Planet im Wandel

Die Dinosaurier erschienen im Zeitalter der Trias (vor 250–200 Millionen Jahren) und entwickelten sich während der folgenden Jura- und der Kreidezeit weiter. Zusammen bilden diese drei Zeitalter das Mesozoikum (siehe unten), eine Epoche, in der auf der Erde gewaltige Veränderungen vor sich gingen. Die Dinosaurier mussten sich anpassen, um zu überleben.

Zeitleiste

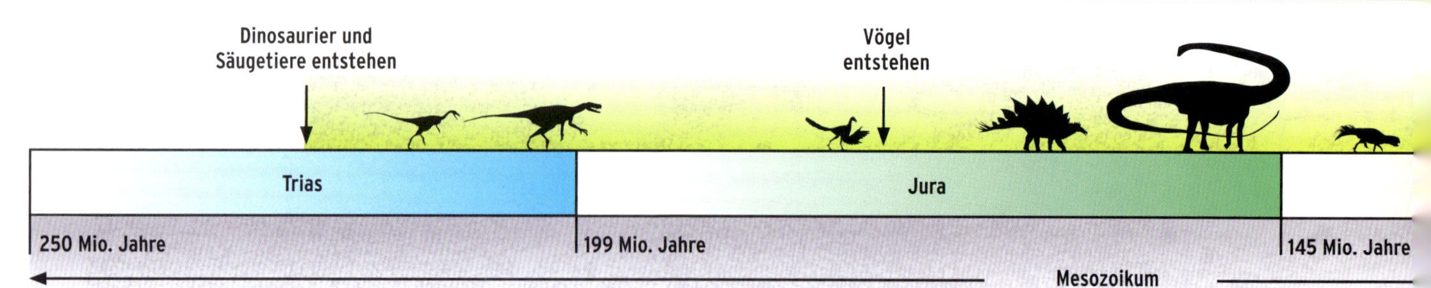

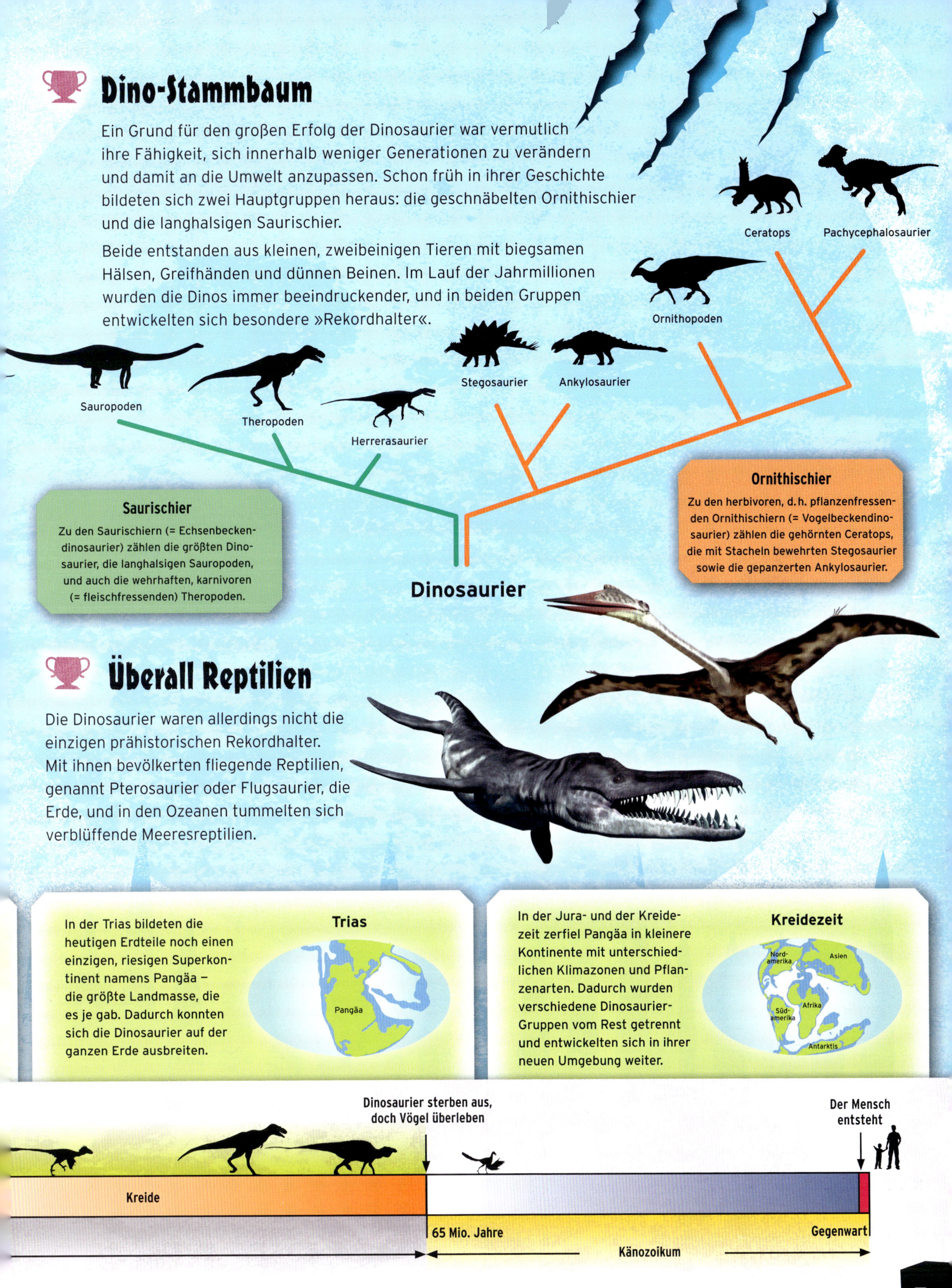

Dino-Stammbaum

Ein Grund für den großen Erfolg der Dinosaurier war vermutlich ihre Fähigkeit, sich innerhalb weniger Generationen zu verändern und damit an die Umwelt anzupassen. Schon früh in ihrer Geschichte bildeten sich zwei Hauptgruppen heraus: die geschnäbelten Ornithischier und die langhalsigen Saurischier.

Beide entstanden aus kleinen, zweibeinigen Tieren mit biegsamen Hälsen, Greifhänden und dünnen Beinen. Im Lauf der Jahrmillionen wurden die Dinos immer beeindruckender, und in beiden Gruppen entwickelten sich besondere »Rekordhalter«.

Saurischier

Zu den Saurischiern (= Echsenbeckendinosaurier) zählen die größten Dinosaurier, die langhalsigen Sauropoden, und auch die wehrhaften, karnivoren (= fleischfressenden) Theropoden.

Ornithischier

Zu den herbivoren, d. h. pflanzenfressenden Ornithischiern (= Vogelbeckendinosaurier) zählen die gehörnten Ceratops, die mit Stacheln bewehrten Stegosaurier sowie die gepanzerten Ankylosaurier.

Überall Reptilien

Die Dinosaurier waren allerdings nicht die einzigen prähistorischen Rekordhalter. Mit ihnen bevölkerten fliegende Reptilien, genannt Pterosaurier oder Flugsaurier, die Erde, und in den Ozeanen tummelten sich verblüffende Meeresreptilien.

Trias

In der Trias bildeten die heutigen Erdteile noch einen einzigen, riesigen Superkontinent namens Pangäa – die größte Landmasse, die es je gab. Dadurch konnten sich die Dinosaurier auf der ganzen Erde ausbreiten.

Kreidezeit

In der Jura- und der Kreidezeit zerfiel Pangäa in kleinere Kontinente mit unterschiedlichen Klimazonen und Pflanzenarten. Dadurch wurden verschiedene Dinosaurier-Gruppen vom Rest getrennt und entwickelten sich in ihrer neuen Umgebung weiter.

Die große Zeit der Dinosaurier

In den über 150 Millionen Jahren des Dinosaurier-Zeitalters tauchten Hunderte verschiedener Arten auf und verschwanden wieder.

Dabei lebten manchmal wenige Arten zur gleichen Zeit, zu anderen Zeiten waren es sehr viele. Forscher haben herausgefunden, dass ein Abschnitt der Kreidezeit, das Campanium (vor 83 bis 70 Mio. Jahren), mit über 100 verschiedenen Arten das »Goldene Zeitalter der Dinosaurier« war.

Im Campanium lebten mehrere riesige karnivore Dinosaurier im heutigen Nordamerika, darunter Albertosaurus (links), Gorgosaurus und Daspletosaurus. Vielleicht jagten sie verschiedene Beutetiere und kamen sich so nicht gegenseitig ins Gehege.

Im Campanium stieg der Meeresspiegel an, und durch Überflutungen entstanden neue Landabschnitte und Inseln. Dadurch wurden die Landtiere auf verschiedene Lebensräume verteilt und neue Arten entwickelten sich.

Hingucker

Im Campanium lebten mehr Dinosaurier mit auffälligen Kämmen, Hörnern und Halskrausen als in jedem anderen Abschnitt des Dino-Zeitalters. Die meisten Hadrosaurier, wie der oben abgebildete Parasaurolophus, und die meisten gehörnten Saurier stammen aus dieser Epoche.

Der Berühmteste

Mit seinem riesigen Maul und den winzigen »Ärmchen« ist Tyrannosaurus rex eine unverwechselbare Erscheinung.

Tyrannosaurus rex

Der Star unter den Dinosauriern ist der Tyrannosaurus rex: Filme, Bücher und Werbespots haben ihn weltweit bekannt gemacht.

Ein Grund für die Berühmtheit dieses furchterregenden Beutegreifers ist seine schiere Größe. Dazu kommt sein Ruf als blutrünstiger Jäger, der sich in vielen Köpfen festgesetzt hat. Auch gehörte er zu den ersten großen fleischfressenden Sauriern, die in Museen ausgestellt wurden.

Alte Zeichnungen und Skelettmodelle in Museen zeigen Tyrannosaurus rex in aufrechter Haltung und den Schwanz hinter sich her ziehend. Tatsächlich hielt er wohl, wie die meisten Dinosaurier, beim Laufen Körper und Schwanz in einer waagerechten Linie.

Ruhm und Reibach

Der erste Tyrannosaurus rex wurde 1902 von dem Paläontologen und Dinosaurierexperten Barnum Brown entdeckt. Seitdem sind rund 50 weitere Skelette aufgetaucht, wovon die meisten unvollständig waren. Eines der am besten erhaltenen Exemplare, »Sue« genannt, wurde 1990 in South Dakota (USA) gefunden und später für 8,36 Mio. Dollar versteigert!

Gestatten: T-rex

Viele Museen in aller Welt werben mit einem Tyrannosaurus rex als Hauptattraktion. Manche haben sogar Roboter-Modelle, die brüllen und sich bewegen können.

Tyrannosaurus rex

Zeitraum:	vor ca. 67–65 Mio. Jahren
Fundorte:	USA, Kanada
Größe:	12 m lang
Gewicht:	ca. 6 t
Ernährung:	karnivor
Geschwindigkeit:	bis zu 30 km/h
Gefährlichkeit:	hoch

Viele Jahre hielt Tyrannosaurus rex den Rekord als größter karnivorer Dinosaurier. Vom ersten Platz verdrängt wurde er durch den 1912 entdeckten Spinosaurus (s. S. 48).

Filmstar

Tyrannosaurus rex ist der Star zahlreicher Monsterfilme, von *King Kong* (1933) bis zur *Jurassic-Park*-Reihe der 1990er-Jahre, die zu den größten Kassenschlagern aller Zeiten zählten.

Berühmte Auftritte von T-rex

1933: ➡ **King Kong**

1954: ➡ **Godzilla**
Klassisches Kinomonster

1992: ➡ **Barney und seine Freunde**
US-Kinderserie um einen kleinen Dino

1993: ➡ **Jurassic Park**
T-rex als menschenfressender Kinostar

1997: ➡ **Jurassic Park II**
Vergessene Welt

Schwergewichts-Weltmeister

Amphicoelias

Die Sauropoden waren pflanzenfressende Dinosaurier mit extrem langen Hälsen und Schwänzen. Sie wurden oft sehr groß, doch einer stellte sie alle in den Schatten: der gigantische Amphicoelias.

Bislang wurden nur zwei Knochen dieses Pflanzenfressers gefunden, doch die genügten den Wissenschaftlern, um zu erkennen, dass sie es mit dem größten Landlebewesen aller Zeiten zu tun hatten.

Amphicoelias war so groß, dass er täglich Hunderte Kilo an Pflanzennahrung zu sich nehmen musste. Er muss in Gegenden gelebt haben, wo viele Bäumen und Sträucher wuchsen.

Allein dank seiner gewaltigen Größe hatte Amphicoelias von den meisten Räubern wenig zu befürchten.

Amphicoelias

Zeitraum:	vor ca. 155–145 Mio. Jahren
Fundorte:	USA
Größe:	40–60 m lang
Gewicht:	ca. 70–100 t
Ernährung:	herbivor
Geschwindigkeit:	ca. 15 km/h
Gefährlichkeit:	mittel

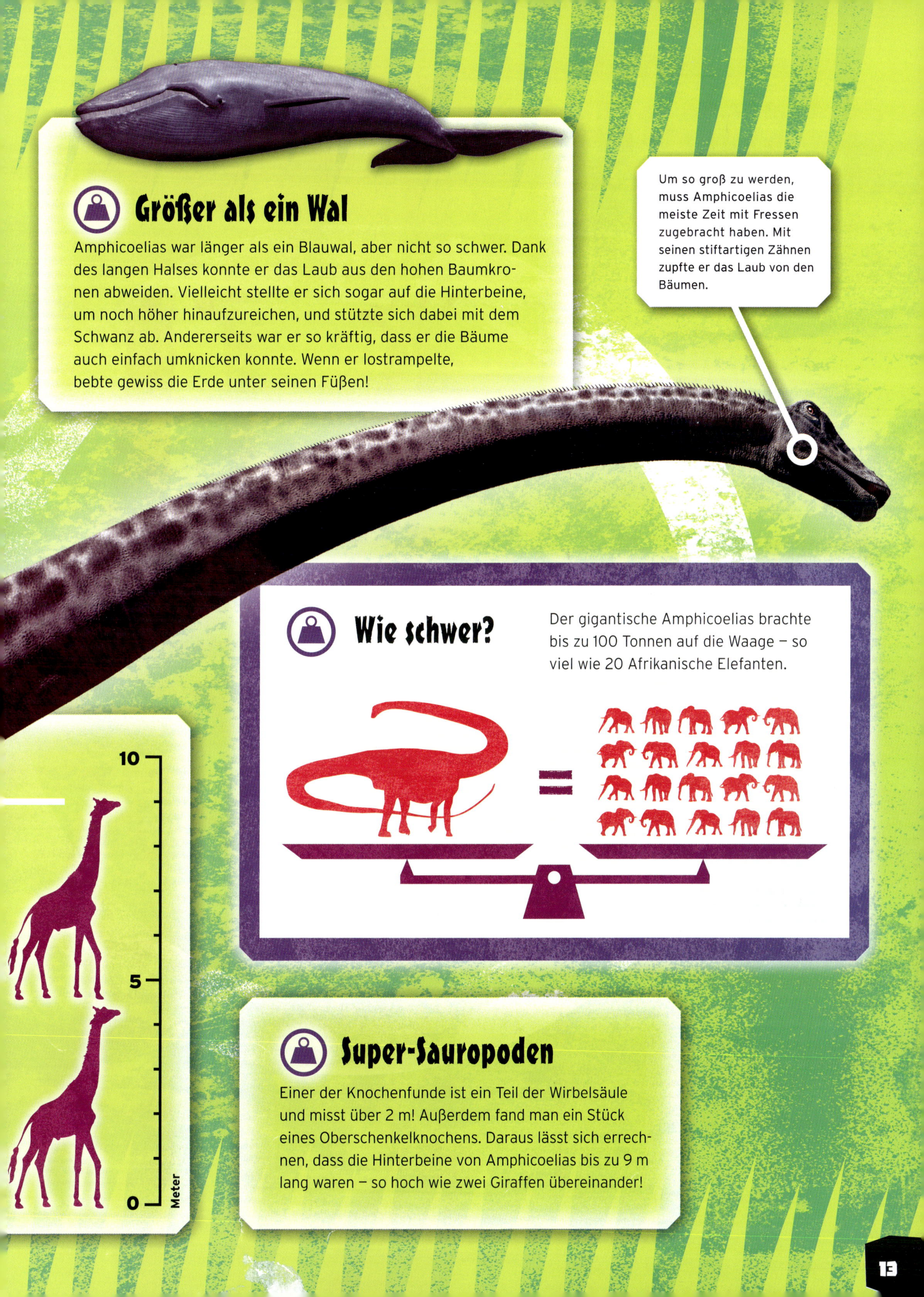

Größer als ein Wal

Amphicoelias war länger als ein Blauwal, aber nicht so schwer. Dank des langen Halses konnte er das Laub aus den hohen Baumkronen abweiden. Vielleicht stellte er sich sogar auf die Hinterbeine, um noch höher hinaufzureichen, und stützte sich dabei mit dem Schwanz ab. Andererseits war er so kräftig, dass er die Bäume auch einfach umknicken konnte. Wenn er lostrampelte, bebte gewiss die Erde unter seinen Füßen!

Um so groß zu werden, muss Amphicoelias die meiste Zeit mit Fressen zugebracht haben. Mit seinen stiftartigen Zähnen zupfte er das Laub von den Bäumen.

Wie schwer?

Der gigantische Amphicoelias brachte bis zu 100 Tonnen auf die Waage – so viel wie 20 Afrikanische Elefanten.

Super-Sauropoden

Einer der Knochenfunde ist ein Teil der Wirbelsäule und misst über 2 m! Außerdem fand man ein Stück eines Oberschenkelknochens. Daraus lässt sich errechnen, dass die Hinterbeine von Amphicoelias bis zu 9 m lang waren – so hoch wie zwei Giraffen übereinander!

Schnellster Läufer

Struthiomimus

Die schnellsten Läufer unter den Dinosauriern waren straußenartige Tiere mit langen Schwänzen, wie etwa Struthiomimus.

Dieser rasende Dino erreichte möglicherweise Geschwindigkeiten von bis zu 80 km/h – und war damit fast so schnell wie ein Rennpferd. Das war wohl auch nötig, wenn er flinken Jägern wie Gorgosaurus entkommen wollte.

Der lange Schwanz half Struthiomimus, das Gleichgewicht zu halten und beim Laufen Haken zu schlagen.

Zum Rennen geboren

Struthiomimus hatte lange, schlanke Beine, jedoch sehr kräftige Oberschenkelmuskeln. Beim heutigen Strauß machen Becken- und Beinmuskeln rund ein Drittel des Körpergewichts aus. Dieser Anteil lag bei den straußenartigen Sauriern vielleicht noch höher. Beim Menschen beträgt der Anteil dieser Muskeln ungefähr ein Fünftel des Gewichts.

Geschwindigkeitsrekorde

Hier siehst du, wie verschiedene schnelle Landtiere unserer Zeit sich im Vergleich mit Struthiomimus schlagen.

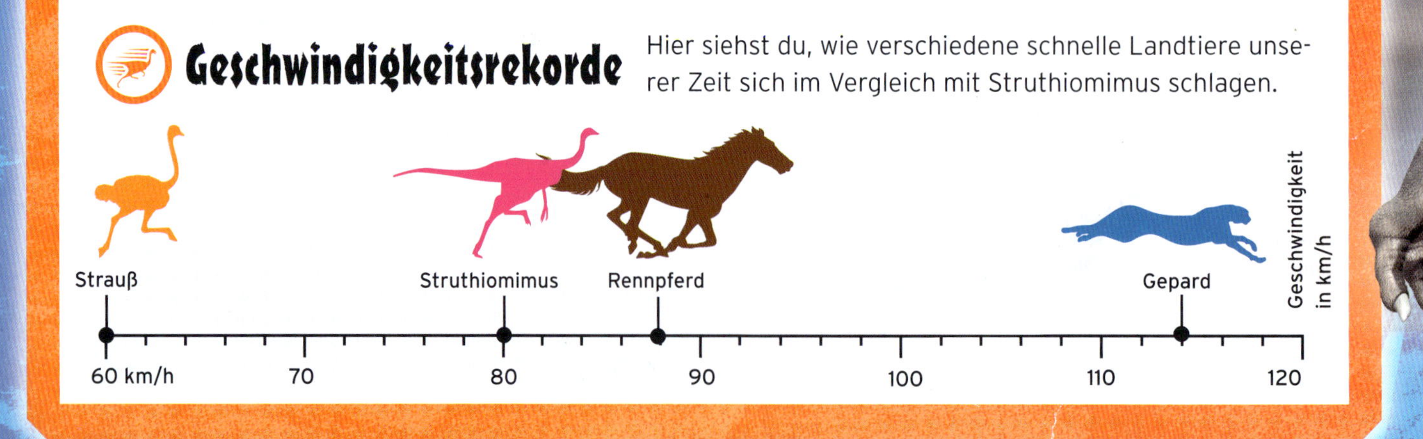

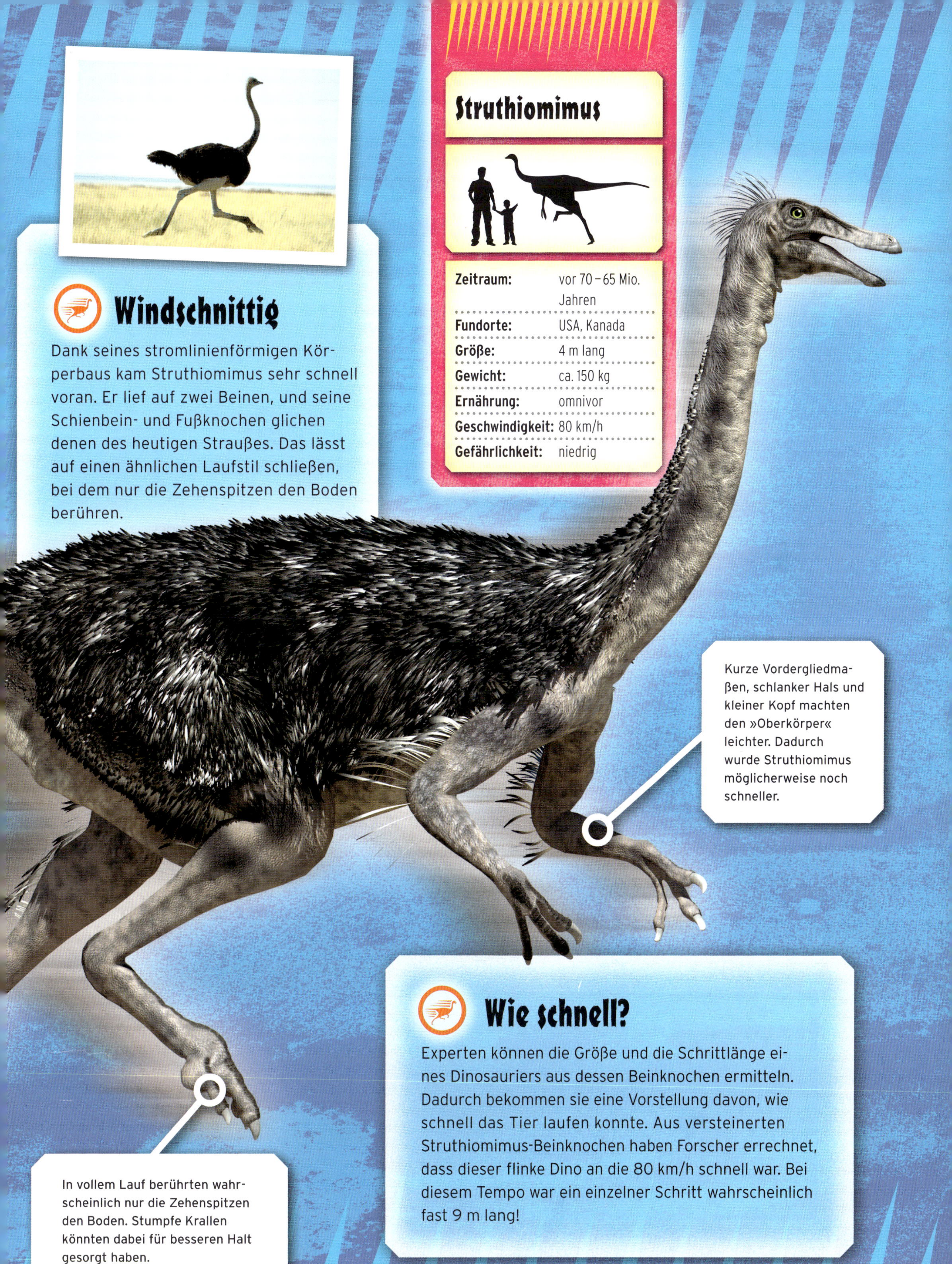

Windschnittig

Dank seines stromlinienförmigen Körperbaus kam Struthiomimus sehr schnell voran. Er lief auf zwei Beinen, und seine Schienbein- und Fußknochen glichen denen des heutigen Straußes. Das lässt auf einen ähnlichen Laufstil schließen, bei dem nur die Zehenspitzen den Boden berühren.

Struthiomimus

Zeitraum:	vor 70 – 65 Mio. Jahren
Fundorte:	USA, Kanada
Größe:	4 m lang
Gewicht:	ca. 150 kg
Ernährung:	omnivor
Geschwindigkeit:	80 km/h
Gefährlichkeit:	niedrig

Kurze Vordergliedmaßen, schlanker Hals und kleiner Kopf machten den »Oberkörper« leichter. Dadurch wurde Struthiomimus möglicherweise noch schneller.

In vollem Lauf berührten wahrscheinlich nur die Zehenspitzen den Boden. Stumpfe Krallen könnten dabei für besseren Halt gesorgt haben.

Wie schnell?

Experten können die Größe und die Schrittlänge eines Dinosauriers aus dessen Beinknochen ermitteln. Dadurch bekommen sie eine Vorstellung davon, wie schnell das Tier laufen konnte. Aus versteinerten Struthiomimus-Beinknochen haben Forscher errechnet, dass dieser flinke Dino an die 80 km/h schnell war. Bei diesem Tempo war ein einzelner Schritt wahrscheinlich fast 9 m lang!

Größter Kopf

Pentaceratops

Dieser in Nordamerika beheimatete gehörnte Saurier hatte vermutlich den größten Kopf von allen Landtieren, die je gelebt haben.

Mitsamt dem gewaltigen Nackenschild war der Kopf von Pentaceratops so lang wie ein Kleinwagen.

Lauschhilfe

Warum hatte Pentaceratops so einen großen Kopf? Eine Theorie lautet, dass der Schild dank seiner Größe und Form die Schallwellen bündelte wie eine Satellitenschüssel. So konnte der Saurier besser hören und war früher gewarnt, wenn ein Fressfeind sich näherte.

Der Nackenschild war bei jeder Art anders. Das könnte den Sauriern geholfen haben, ihre Artgenossen zu erkennen.

Pentaceratops

Zeitraum:	vor 75–71 Mio. Jahren
Fundorte:	USA
Größe:	7 m lang
Gewicht:	ca. 5 t
Ernährung:	herbivor
Geschwindigkeit:	ca. 30 km/h
Gefährlichkeit:	niedrig

Klimaanlage

Heutige Elefanten wedeln mit ihren großen Ohren, um das durchfließende Blut zu kühlen. In ähnlicher Weise könnten manche gehörnte Saurier ihre riesigen Nackenschilde benutzt haben, um darüber Hitze abzugeben und ihre Körpertemperatur zu regulieren.

Angeber

Der riesige Nackenschild des Pentaceratops war nicht so massiv, wie er aussah. An verschiedenen Stellen wies er große, ovale Löcher auf, die mit Haut überzogen waren. Deshalb war er wohl nicht stabil genug, um als echter Abwehrschild zu taugen. Vermutlich diente er eher dazu, Feinde abzuschrecken oder Paarungspartner zu beeindrucken.

Der verwirrendste Dinosaurier

Citipati

Manchmal werfen neue Entdeckungen vieles von dem über den Haufen, was Experten über Dinosaurier zu wissen glaubten. So mancher Dino hat deshalb eine sehr verworrene Geschichte – und am größten ist das Durcheinander im Fall von Citipati.

Die Forscher, die den ersten Citipati fanden, hielten die Knochen irrtümlich für die des nahe verwandten Oviraptor. Zugleich wurde damit ein anderer Irrtum aufgeklärt: Ein Nest mit Eiern, das angeblich von Protoceratops stammte, war in Wirklichkeit ein Oviraptor-Gelege. Klingt verwirrend? Ist es auch!

Eierdieb

Viele Tiere, wie etwa Krähen, »stehlen« Eier aus Nestern, um sie zu fressen. Als man ein Oviraptor-Skelett zusammen mit Eiern fand, glaubten die Forscher, Oviraptor sei ebenfalls ein »Eierdieb« gewesen, und das bedeutet nämlich auch der Name. Später stellte sich heraus, dass es in Wirklichkeit die Eier des Oviraptors selbst waren! Dann wurde ein weiteres Oviraptor-Exemplar gefunden, das auf seinen Eiern saß wie ein brütender Vogel. Man gab ihm den Namen »Big Mamma«. Schließlich fand man heraus, dass Big Mamma in Wahrheit eine neue Dinosaurier-Art war. Die Wissenschaftler gaben ihr den Namen Citipati.

Fossilien von ähnlichen Dinosauriern lassen vermuten, dass Citipati lange Federn an den Vordergliedmaßen sowie einen fächerartig gefiederten Schwanz hatte.

Citipati hatte einen hohlen Knochenkamm, der vermutlich mit einer harten Hornhaut überzogen war.

Citipati

Zeitraum:	vor 84–74 Mio. Jahren
Fundorte:	Mongolei
Größe:	2,5 m lang
Gewicht:	75 kg
Ernährung:	omnivor
Geschwindigkeit:	ca. 50 km/h
Gefährlichkeit:	harmlos

Was gibt's zu essen?

Citipati hatte einen kurzen, gedrungenen Kopf mit spitzen Knochenauswüchsen am Gaumen. Manche Experten glauben, dass er damit Schalentiere knackte oder dass diese Dinosaurier wie Enten in Seen schwammen und fischten. Andere meinen, dass Citipati sich von Laub ernährte oder kleine Tiere jagte. Vielleicht haben sie ja alle recht, und Citipati war ein Allesfresser!

Eier und Babys

Citipati ordnete sein Gelege kreisförmig an. Wahrscheinlich legte die Mutter über mehrere Tage hinweg täglich zwei Eier. Die Dino-Babys, die in versteinerten Eiern gefunden wurden, haben gut entwickelte Beinknochen. Sie konnten wahrscheinlich schon kurz nach dem Schlüpfen herumlaufen.

Chaos um Citipati

Diese Zeitschiene zeigt die verwirrende Geschichte des Dinosauriers ...

1. Fund eines Oviraptors mit »Protoceratops«-Eiern: Oviraptor gilt als »Eierräuber«.
2. Fund eines »Protoceratops«-Eis mit einem Oviraptor-Baby darin: Oviraptor ist doch kein Eierräuber.
3. Fund eines großen Oviraptor-Weibchens, das auf einem Gelege saß: »Big Mamma«.
4. Entdeckung, dass »Big Mamma« und ihre Kinder keine Oviraptoren sind, sondern Citipati.

Der Kinderreichste

Psittacosaurus

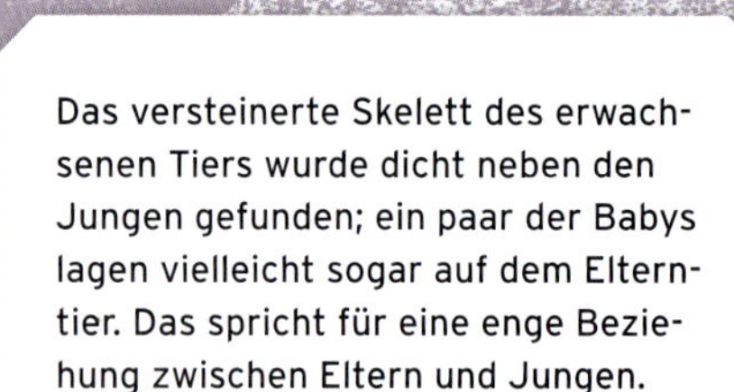

Eine sensationelle Entdeckung waren die versteinerten Überreste eines Psittacosaurus (»Papageienechse«, wegen seines Schnabels), neben dem nicht weniger als 34 Junge lagen.

Es kann sein, dass andere Dinosaurier noch mehr Nachwuchs hervorbrachten, aber nur selten findet man ein erwachsenes Tier zusammen mit seinen Jungen. Und nie wurde ein weiterer Dino mit einer so großen Kinderschar gefunden.

Das versteinerte Skelett des erwachsenen Tiers wurde dicht neben den Jungen gefunden; ein paar der Babys lagen vielleicht sogar auf dem Elterntier. Das spricht für eine enge Beziehung zwischen Eltern und Jungen.

Gut behütet

Der Fund eines Psittacosaurus zusammen mit vielen Jungtieren lässt vermuten, dass diese Saurier in großen Gruppen lebten und intensive Brutpflege betrieben. Wie bei heutigen Krokodilen und Echsen passten vielleicht auch die Dino-Eltern einzeln oder gemeinsam auf die Jungen auf, schützten sie vor Fressfeinden und führten sie zu Futterplätzen.

Wie die meisten Tierkinder hatten auch die kleinen Psittacosaurier große, rundliche Köpfe.

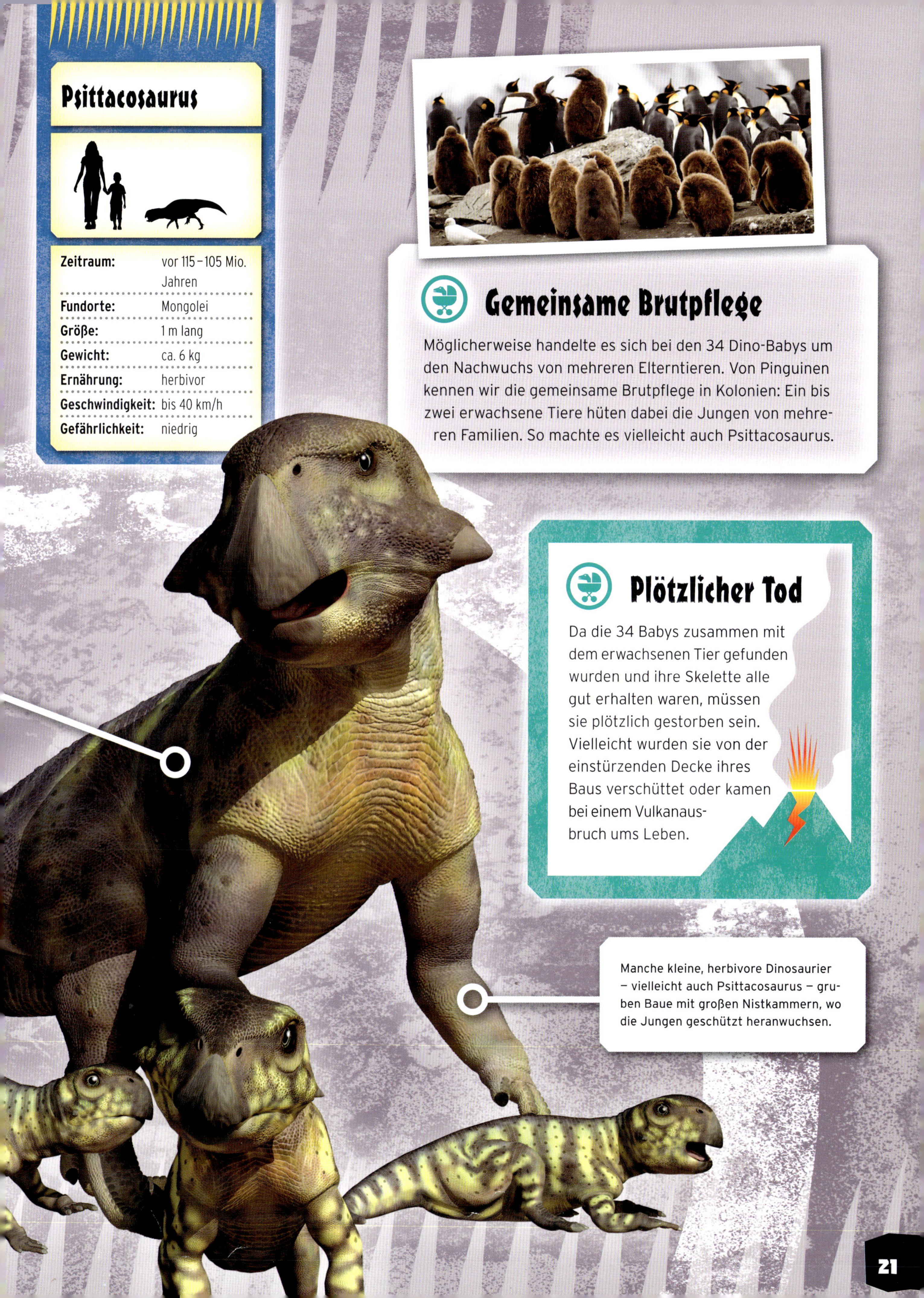

Psittacosaurus

Zeitraum:	vor 115 – 105 Mio. Jahren
Fundorte:	Mongolei
Größe:	1 m lang
Gewicht:	ca. 6 kg
Ernährung:	herbivor
Geschwindigkeit:	bis 40 km/h
Gefährlichkeit:	niedrig

Gemeinsame Brutpflege

Möglicherweise handelte es sich bei den 34 Dino-Babys um den Nachwuchs von mehreren Elterntieren. Von Pinguinen kennen wir die gemeinsame Brutpflege in Kolonien: Ein bis zwei erwachsene Tiere hüten dabei die Jungen von mehreren Familien. So machte es vielleicht auch Psittacosaurus.

Plötzlicher Tod

Da die 34 Babys zusammen mit dem erwachsenen Tier gefunden wurden und ihre Skelette alle gut erhalten waren, müssen sie plötzlich gestorben sein. Vielleicht wurden sie von der einstürzenden Decke ihres Baus verschüttet oder kamen bei einem Vulkanausbruch ums Leben.

Manche kleine, herbivore Dinosaurier – vielleicht auch Psittacosaurus – gruben Baue mit großen Nistkammern, wo die Jungen geschützt heranwuchsen.

Erster fossiler Raubsaurier

Megalosaurus

Megalosaurus war der erste Dinosaurier, der von Wissenschaftlern beschrieben wurde. Ein Knochen dieses Raubsauriers wurde vor über 300 Jahren in England gefunden.

Heute wissen wir, dass die großen Raubsaurier wie Megalosaurus zweibeinige Tiere mit klauenbewehrten Greifhänden waren, doch die Forscher, die diese Knochen als Erste untersuchten, standen vor einem Rätsel.

Als die ersten Megalosaurus-Funde auftauchten, glaubten die Experten, der Saurier habe seinen Schwanz über den Boden geschleift wie eine riesige Echse. Spätere Entdeckungen zeigten, dass fast alle Dinosaurier den Schwanz ausgestreckt hielten.

Erste Funde

Der Paläontologe William Buckland untersuchte als Erster die Überreste eines Megalosaurus. Bei den Fossilien handelte es sich um Knochen mehrerer Megalosaurier, die unterschiedlich groß und alt waren, darunter ein Teil eines Unterkiefers, in dem noch einige der gebogenen und sägeblattartig gezackten Zähne steckten. Buckland erkannte daran, dass es sich um ein Raubtier handeln musste, auch wenn er nicht genau sagen konnte, was es war.

Die ersten Funde

1824 ➡ Megalosaurus
1825 ➡ Iguanodon
1833 ➡ Hylaeosaurus
1836 ➡ Thecodontosaurus
1837 ➡ Plateosaurus

Megalosaurus

Zeitraum:	vor 164–165 Mio. Jahren
Fundorte:	England
Größe:	6 m lang
Gewicht:	700 kg
Ernährung:	karnivor
Geschwindigkeit:	ca. 50 km/h
Gefährlichkeit:	hoch

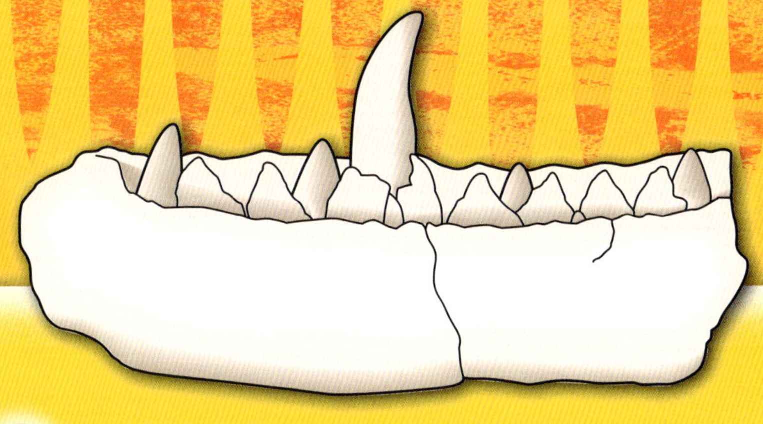

Riesenechse?

Der zuerst gefundene Unterkieferknochen glich den Kiefern der heutigen Warane, weshalb man glaubte, Megalosaurus hätte sich wie eine riesige Echse auf allen vieren bewegt. In den 1850er-Jahren wich die Riesenechsen-Theorie der Vorstellung von einem elefantenähnlichen Reptil. Beides war falsch.

Mit Zähnen und Klauen

Fossilien anderer Raubsaurier zeigten, dass Megalosaurus und seine Verwandten nicht wie Echsen aussahen und auch nicht auf vier Beinen liefen. Vielmehr handelte es sich um zweibeinige Räuber, deren kurze »Arme« mit je drei Klauen versehen waren. Vermutlich jagten sie pflanzenfressende Dinosaurier, die sie mit den Klauen festhielten, um sie dann mit ihren gezackten Zähnen in Stücke zu reißen.

Megalosaurus hatte kräftige Vorderbeine bzw. Arme, mit denen er vermutlich Beutetiere festhielt, während er die Zähne in ihr Fleisch schlug.

Kleinster Raubsaurier

Anchiornis

Mit gerade mal 40 cm Körperlänge hält der gefiederte Anchiornis aus China den Rekord als kleinster bekannter Raubsaurier.

Er dürfte 250 g gewogen haben und war so groß wie eine Taube. Ein paar andere Raubsaurier, wie Epidendrosaurus oder Epidexipteryx, waren vielleicht noch kleiner, aber da noch keine Fossilien von ausgewachsenen Tieren gefunden wurden, kommen sie für den Rekord nicht infrage.

Mini-Jäger

Anfangs hielt man Anchiornis für einen urzeitlichen Vogel. Tatsächlich handelt es sich um einen vogelähnlichen Dinosaurier, eng verwandt mit Troodon (s. S. 30). Wie die meisten vogelähnlichen Saurier hatte er lange Greiffinger und scharfe, dicht gepackte Zähne. Er war wahrscheinlich ein flinker Jäger, der sich von Eidechsen und Insekten ernährte.

Anchiornis

Zeitraum:	vor 160–155 Mio. Jahren
Fundorte:	China
Größe:	40 cm lang
Gewicht:	ca. 250 g
Ernährung:	karnivor
Geschwindigkeit:	bis 40 km/h
Gefährlichkeit:	harmlos

Die Top 5 der kleinsten Dinosaurier

1 ➡ **Anchiornis** ➡ ca. 40 cm lang
2 ➡ **Parvicursor** ➡ ca. 45 cm lang
3 ➡ **Caenagnathasia** ➡ ca. 45 cm lang
4 ➡ **Mei long** ➡ ca. 45 cm lang
5 ➡ **Mahakala** ➡ ca. 50 cm lang

Zierlicher Drache

In den letzten Jahren haben Wissenschaftler kleine Raubsaurier neu entdeckt, vor allem in China und der Mongolei. Einer davon ist Mei long. Er war nur ca. 45 cm lang, und das einzige bekannte Fossil lag zusammengerollt da, als ob es schliefe. Daher auch der Name, der »tief schlafender Drache« bedeutet.

Dank seiner geringen Größe und der langen Federn konnte Anchiornis vermutlich durch die Luft gleiten oder mit den Flügeln flattern. Vielleicht hüpfte er so von Ast zu Ast.

Die schmale Schnauze und die scharfen Zähne deuten darauf hin, dass Anchiornis kleine Echsen oder größere Insekten erbeutete.

Die drei langen, schlanken, mit Klauen versehenen Finger waren fast ganz von den langen Arm- und Handfedern verdeckt.

Gefährlichster Meeresräuber

Liopleurodon

Liopleurodon, ein Plesiosaurier mit kurzem Hals, der etwa die Größe eines kleinen Pottwals erreichte, belegt den ersten Platz in der Kategorie »hochseetauglicher Räuber«.

Bissspuren an fossilen Knochen zeigen, dass dieses Seeungeheuer andere große Meeresreptilien angriff und auffraß, wobei es sie bisweilen regelrecht in Stücke biss. Experten schätzen, dass Liopleurodon zehnmal so kräftig zubeißen konnte wie Tyrannosaurus rex!

Die spitzen, leicht gebogenen Zähne waren tief im Kiefer verankert – ideal, um zappelnde Beutetiere festzuhalten und tief in ihr Fleisch zu schneiden.

Kräftiger Biss

Liopleurodon griff seine Beute überfallartig an, indem er sehr schnell mit aufgerissenem Maul auf sie zuschwamm. Er könnte anderen Plesiosauriern mit einem Biss die Flossen vom Leib gerissen haben. Mächtige Muskeln an der Hinterseite des Kopfs bewegten die krokodilähnlichen Kiefer. Seine Zähne waren bis zu 30 cm lang.

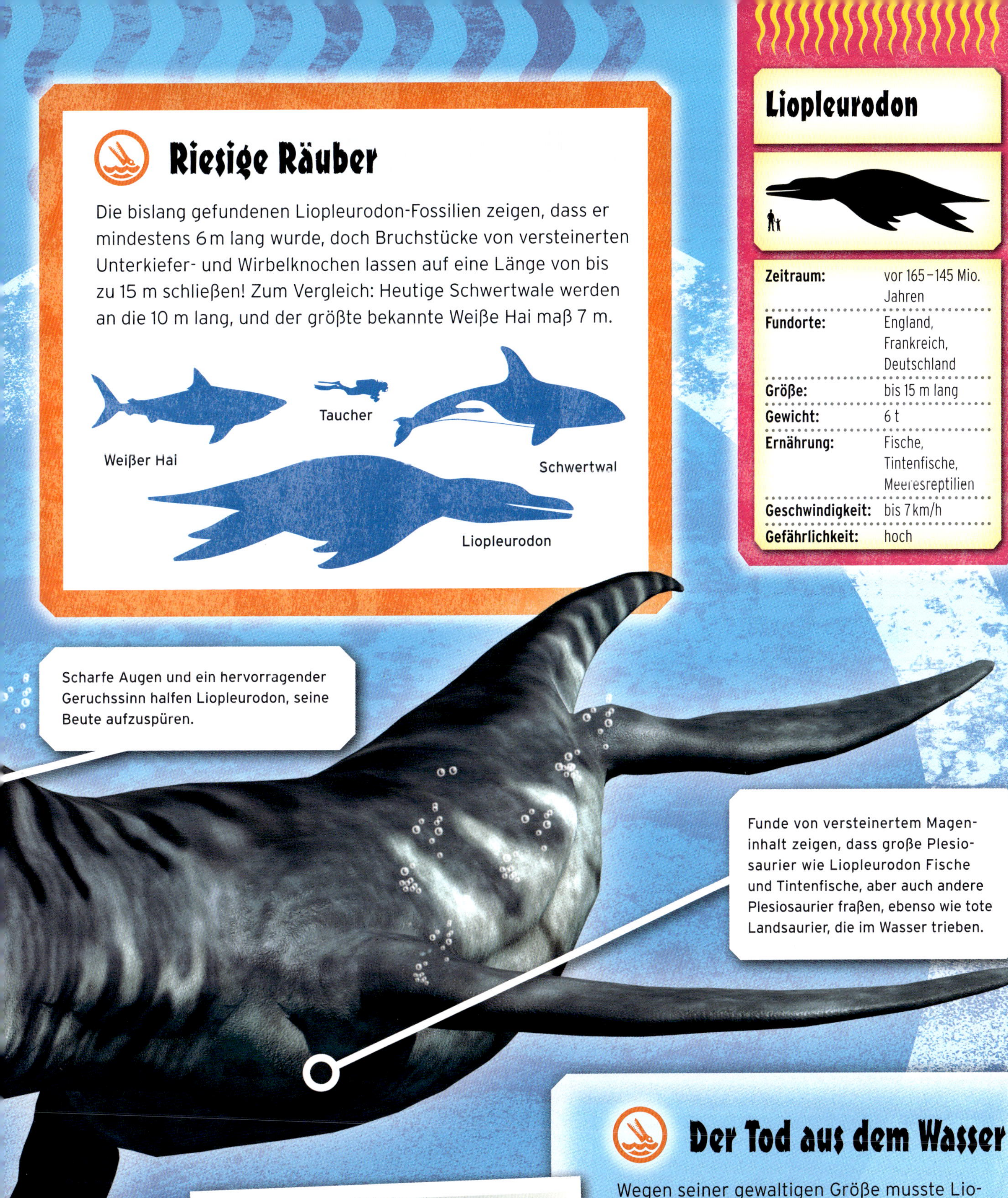

Riesige Räuber

Die bislang gefundenen Liopleurodon-Fossilien zeigen, dass er mindestens 6 m lang wurde, doch Bruchstücke von versteinerten Unterkiefer- und Wirbelknochen lassen auf eine Länge von bis zu 15 m schließen! Zum Vergleich: Heutige Schwertwale werden an die 10 m lang, und der größte bekannte Weiße Hai maß 7 m.

Liopleurodon

Zeitraum:	vor 165–145 Mio. Jahren
Fundorte:	England, Frankreich, Deutschland
Größe:	bis 15 m lang
Gewicht:	6 t
Ernährung:	Fische, Tintenfische, Meeresreptilien
Geschwindigkeit:	bis 7 km/h
Gefährlichkeit:	hoch

Scharfe Augen und ein hervorragender Geruchssinn halfen Liopleurodon, seine Beute aufzuspüren.

Funde von versteinertem Mageninhalt zeigen, dass große Plesiosaurier wie Liopleurodon Fische und Tintenfische, aber auch andere Plesiosaurier fraßen, ebenso wie tote Landsaurier, die im Wasser trieben.

Der Tod aus dem Wasser

Wegen seiner gewaltigen Größe musste Liopleurodon aufpassen, um nicht in flachem Wasser auf Grund zu laufen. Trotzdem ging er vielleicht manchmal dieses Risiko ein, um Beute zu erjagen. Es ist denkbar, dass er in Ufernähe Landsaurier schnappte und ins tiefere Wasser zog. Heutige Schwertwale erbeuten mit dieser Technik an flachen Stränden junge Seelöwen.

Der Wertvollste

Archaeopteryx

Als ältester je gefundener Vogel zählt Archaeopteryx zu den wertvollsten Fossilien aller Zeiten.

Er ist auch eines der wichtigsten, denn seine Entdeckung lieferte den entscheidenden Beweis dafür, dass unserer Vögel sich aus kleinen, räuberisch lebenden Dinosauriern entwickelt haben. Bislang wurden zehn Fossilien gefunden, und sie gelten als die wertvollsten Dinosaurierfunde überhaupt: Jedes Stück ist mehrere Millionen Euro wert!

Wunderbar erhalten

Archaeopteryx lebte in einer Lagunenlandschaft, deren weicher Schlamm ideal für die Entstehung und Erhaltung von Fossilien war. Alle bisher gefundenen Archaeopteryx-Exemplare wurden in einer Gesteinsschicht aus einer dieser Lagunen gefunden: dem sogenannten Solnhofener Plattenkalk, entstanden aus Sedimenten. Die Körper toter Tiere blieben im Schlamm perfekt erhalten, sodass auch Einzelheiten wie Federn oder Zähne noch gut zu erkennen sind.

Archaeopteryx

Zeitraum:	vor 155–150 Mio. Jahren
Fundorte:	Deutschland
Größe:	50 cm lang
Gewicht:	500 g
Ernährung:	karnivor
Geschwindigkeit:	ca. 50 km/h
Gefährlichkeit:	harmlos

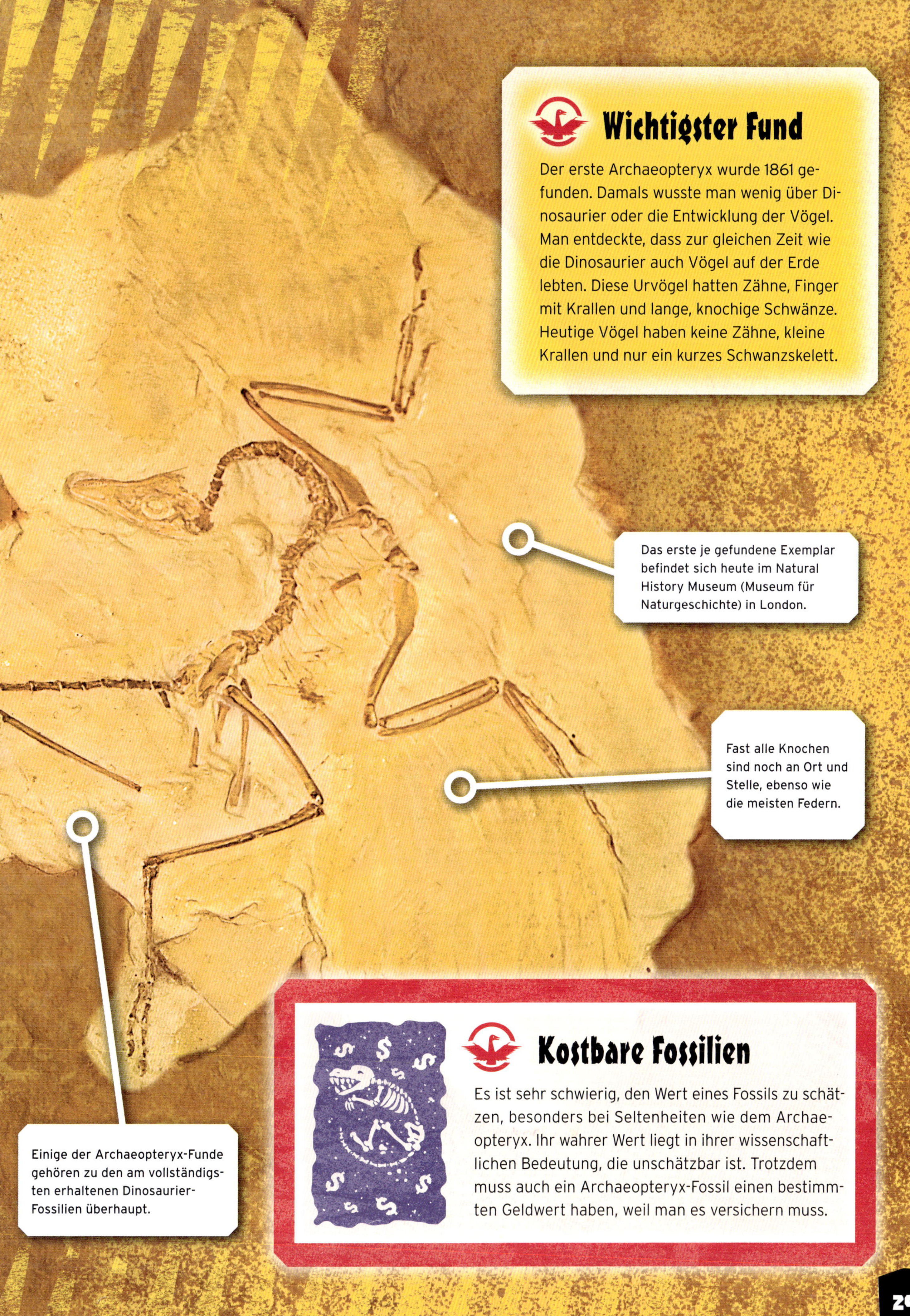

Wichtigster Fund

Der erste Archaeopteryx wurde 1861 gefunden. Damals wusste man wenig über Dinosaurier oder die Entwicklung der Vögel. Man entdeckte, dass zur gleichen Zeit wie die Dinosaurier auch Vögel auf der Erde lebten. Diese Urvögel hatten Zähne, Finger mit Krallen und lange, knochige Schwänze. Heutige Vögel haben keine Zähne, kleine Krallen und nur ein kurzes Schwanzskelett.

Das erste je gefundene Exemplar befindet sich heute im Natural History Museum (Museum für Naturgeschichte) in London.

Fast alle Knochen sind noch an Ort und Stelle, ebenso wie die meisten Federn.

Einige der Archaeopteryx-Funde gehören zu den am vollständigsten erhaltenen Dinosaurier-Fossilien überhaupt.

Kostbare Fossilien

Es ist sehr schwierig, den Wert eines Fossils zu schätzen, besonders bei Seltenheiten wie dem Archaeopteryx. Ihr wahrer Wert liegt in ihrer wissenschaftlichen Bedeutung, die unschätzbar ist. Trotzdem muss auch ein Archaeopteryx-Fossil einen bestimmten Geldwert haben, weil man es versichern muss.

Die größten Augen

Troodon

Der vogelähnliche Raubsaurier Troodon, dessen Fossilien in Nordamerika gefunden wurden, hält den Rekord für die größten Augen.

Jeder seiner Augäpfel hatte einen Durchmesser von bis zu 4,5 cm, ähnlich wie beim heutigen Strauß. Die Riesenaugen erleichterten ihm vermutlich das Jagen bei Nacht.

Katzen und andere heute lebende Raubtiere haben veränderliche Pupillen, die sich zum Schutz vor grellem Licht zu Schlitzen verengen können. Im Dunkeln dagegen sind sie rund, damit möglichst viel Licht eindringt. So war es vermutlich auch bei Troodon.

Jagd im Dunkeln

Tiere, die nachts jagen, wie etwa Eulen, haben oft riesengroße Augen. Das gilt aber auch für viele Tiere, die am Tag aktiv sind – die Augengröße allein verrät uns also noch nicht, zu welcher Tageszeit ein Tier jagt. Wir wissen jedoch, dass Troodon im hohen Norden lebte, nördlich des Polarkreises. Dort ist es im Winter monatelang auch am Tag dunkel. Daher muss Troodon in der Lage gewesen sein, im Dunkeln zu jagen, um zu überleben.

Die Schnauze war schmaler als der hintere Teil des Kopfs, in dem die Augen saßen. Dadurch konnte Troodon nach vorne ebenso gut wie nach den Seiten sehen.

Wie Vögel und Krokodile hatte Troodon wahrscheinlich oben und unten Augenlider, dazu eine Art drittes Lid, das den Augapfel schützte, die sogenannte Nickhaut.

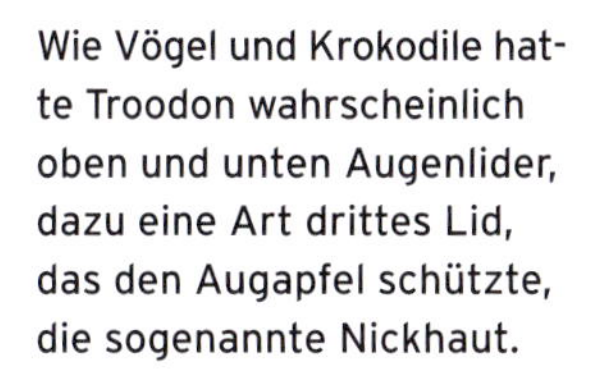

Alles im Blick

An der Form der Augenhöhlen von Troodon können wir erkennen, dass Troodon zu binokularem (= beidäugigem) Sehen in der Lage war. Das bedeutet, dass die Blickfelder beider Augen sich vor der Schnauze des Tiers überschneiden. Dadurch können sie besonders gut Entfernungen abschätzen, was für die Jagd wichtig ist.

Troodon

Zeitraum:	vor 70–65 Mio. Jahren
Fundorte:	USA, Kanada
Größe:	2,5 m lang
Gewicht:	35 kg
Ernährung:	omnivor
Geschwindigkeit:	bis 48 km/h
Gefährlichkeit:	mittel

Schau mir in die Augen ...

Bei Fossilien sind die Augäpfel so gut wie nie erhalten, deshalb können wir nicht sagen, wie die Augen von Troodon genau aussahen. Dazu müssten wir vor allem wissen, welche Farbe die Iris (Regenbogenhaut) hatte. Eulen, die am Tag jagen, haben in der Regel eine gelbe Iris, bei Nachtjägern ist sie meist dunkel. Vielleicht traf diese Regel auch auf Troodon zu.

Hitliste der großen Augen

Hier die Augendurchmesser einiger heute lebender Arten im Vergleich mit Troodon:

1 ➡ **Riesenkalmar** ➡ 25 cm
2 ➡ **Blauwal** ➡ 15 cm
3 ➡ **Strauß** ➡ 5 cm
4 ➡ **Troodon** ➡ 4,5 cm
5 ➡ **Mensch** ➡ 2,5 cm

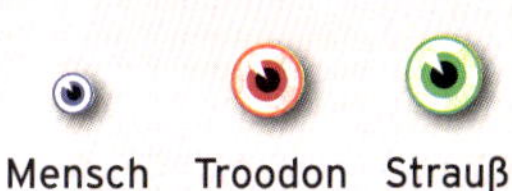

Erster fossiler Pflanzenfresser

Iguanodon

Iguanodon, der seinen Namen 1825 erhielt, war der erste von der Wissenschaft beschriebene pflanzenfressende Dinosaurier.

Für die Forscher waren die Dinosaurierfunde eine überraschende und verwirrende Entdeckung. Das lag auch daran, dass es sich bei den ersten gefundenen Fossilien – wie auch bei Iguanodon – nur um kleine Bruchstücke handelte. Von Iguanodon kannte man zunächst nur die Zähne, die denen des heutigen Leguans glichen, aber viel größer waren.

Wer hat's gefunden?

Wir wissen, dass der Arzt und Fossilienexperte Gideon Mantell als Erster im Besitz der Iguanodonzähne und -knochen war. Oft liest man, in Wirklichkeit habe seine Frau Mary die Fossilien gefunden. Andere behaupten, Arbeiter in einem Steinbruch seien auf die Überreste gestoßen und hätten sie an Mantell verkauft.

Eine Zeit lang wurde Iguanodon als känguruartiger Dinosaurier dargestellt, der auf zwei Beinen ging. Heute nimmt man an, dass er sich oft auf vier Beinen fortbewegte.

Stachliges Problem

Nach der Entdeckung der Iguanodon-Fossilien glaubten manche Forscher, der Dinosaurier habe einem riesigen Nashorn geähnelt, denn unter den Überresten fand sich etwas, was wie ein Nasenhorn aussah. Andere meinten, wegen der Form seiner Zähne müsse das Tier einem riesigen Leguan geglichen haben. So kam Iguanadon zu seinem Namen, der »Leguanzahn« bedeutet.

Iguanodon

Zeitraum:	vor 142–136 Mio. Jahren
Fundorte:	England, Deutschland, Frankreich, Belgien
Größe:	8 m lang
Gewicht:	3 t
Ernährung:	herbivor
Geschwindigkeit:	ca. 50 km/h
Gefährlichkeit:	hoch

Der Kopf von Iguanadon glich dem eines Pferdes. Wie viele pflanzenfressende Dinosaurier hatte er an der Spitze des Mauls einen zahnlosen Schnabel.

Iguanodon hatte große, spitz zulaufende Daumenstachel, die er bei Kämpfen mit Rivalen oder bei der Abwehr von Feinden eingesetzt haben könnte.

Rätsel gelöst

1878 wurden in einem belgischen Kohlebergwerk einige fast vollständige Iguanodon-Skelette gefunden. Daran konnte man sehen, dass er vogelartige Hinterbeine und einen pferdeähnlichen Schädel mit Schnabel hatte. Der Dorn jedoch, den man anfangs für ein Nasenhorn gehalten hatte, entpuppte sich als Daumen (s. Bild)!

Die längsten Krallen

Therizinosaurus hatte vermutlich einen Hornschnabel und weiter hinten im Maul kleine, blattförmige Zähne zum Kauen von Pflanzen.

Therizinosaurus

Therizinosaurus gehört zu den verwunderlichsten Erscheinungen unter allen bisher entdeckten Dinosauriern.

Dieser riesenhafte, gefiederte Zweibeiner hatte einen langen Hals und einen dicken, runden Bauch. Aber das Verblüffendste an ihm waren die langen Krallen, drei an jeder Hand, die mit bis zu einem Meter Länge alle Rekorde brachen.

Lang und länger

Beim lebenden Therizinosaurus waren die Klauen vermutlich mit einer Hornschicht überzogen. Die längste gefundene Kralle maß ca. 70 cm, doch mit dem Hornüberzug dürfte sie wesentlich länger gewesen sein. Die langen, schlanken Krallen waren leicht gebogen, ähnlich wie ein Säbel.

Therizinosaurus

Zeitraum:	vor 70 – 65 Mio. Jahren
Fundorte:	Mongolei
Größe:	10 m lang
Gewicht:	ca. 5 t
Ernährung:	vermutlich omnivor
Geschwindigkeit:	ca. 30 km/h
Gefährlichkeit:	mittel

Top 5 der langen Krallen

Hier eine Liste der Dinos mit den längsten Krallen:

1 ➡ Therizinosaurus ➡ 70 cm
2 ➡ Megaraptor ➡ 40 cm
3 ➡ Baryonyx ➡ 37 cm
4 ➡ Segnosaurus ➡ 30 cm
5 ➡ Deinocheirus ➡ 32 cm

Dank seiner Größe und des giraffenartigen Halses konnte Therizinosaurus das Laub aus hohen Baumkronen abweiden.

Wehrhaft

Wieso hatte Therizinosaurus so gewaltige Krallen, wenn er sich wohl überwiegend von Pflanzen ernährt hat? Vielleicht benutzte er sie, um Zweige heranzuziehen, oder er setzte sie zur Selbstverteidigung ein. Schließlich lebte er zur gleichen Zeit wie Tarbosaurus, ein riesiger Raubsaurier wie Tyrannosaurus rex – da kann es durchaus sein, dass er manchmal um sein Leben kämpfen musste!

Derart lange, gerade und schmale Krallen taugen kaum für praktische Tätigkeiten wie etwa Graben. Aber vielleicht genügte schon der bloße Anblick, um Feinde in die Flucht zu schlagen.

Stärkster Panzer

Ankylosaurus

Bewehrt mit Panzerplatten, Stacheln und Hörnern, trotzten Ankylosaurus und seine Verwandten den Angriffen ihrer Feinde.

Der zäheste Bursche mit dem härtesten Panzer von allen war Ankylosaurus. Wahrscheinlich versuchte er gar nicht erst, seinen Feinden davonzulaufen, sondern verließ sich auf seine »Rüstung« und seine Schwanzkeule.

An den abgerundeten Höckern der Panzerplatten glitten die Zähne angreifender Räuber wahrscheinlich ab.

Groß wie ein Bus

Ankylosaurus war so schwer wie ein Bus und fast so lang, mit breitem, rundlichem Rumpf und kurzen, dicken Gliedmaßen – so einen Burschen konnte so schnell nichts umwerfen! Rücken und Schwanz waren mit mehrreihigen Panzerplatten bedeckt, und ein gepanzerter Kragen schützte Hals und Schultern. Aber gegen den Biss eines Tyrannosaurus rex hätte ihm das alles vielleicht nichts genützt.

Hammerschwanz

Bei einem Angriff dürfte Ankylosaurus versucht haben, mit seiner Schwanzkeule Feinde zu treffen. Die Keule bestand aus mehreren großen Knochenplatten und war so massiv, dass sie Knochen brechen konnte. Die letzten Schwanzwirbel waren miteinander verwachsen und bildeten den »Griff«, mit dem der »Hammer« geschwungen werden konnte.

Die Vordergliedmaßen waren bei Ankylosaurus dick und kurz. So konnte er sich schnell drehen, um mit dem Schwanz nach einem Feind zu schlagen.

Kugelsicher

Ankylosaurus' Panzer war dünn, aber sehr stark. Untersuchungen haben ergeben, dass er so stabil war wie Kevlar, das Material, aus dem kugelsichere Westen gemacht werden. Natürlich gab es in der Kreidezeit noch keine Gewehre, aber große Raubsaurier, wie etwa Tyrannosaurus rex, könnten Ankylosaurus durchaus angegriffen haben.

Ankylosaurus

Zeitraum:	vor 70–65 Mio. Jahren
Fundorte:	USA
Größe:	7 m lang
Gewicht:	ca. 6 t
Ernährung:	herbivor
Geschwindigkeit:	ca. 25 km/h
Gefährlichkeit:	mittel

Zur Verteidigung dienten auch die dreieckigen Hörner, die oben und seitlich am Kopf saßen.

Kleine Knochenplatten konnten zum Schutz vor die Augen geklappt werden.

Schnellster Schwanz

Diplodocus

Sauropoden wie Diplodocus beeindrucken nicht nur durch ihre Größe, sondern auch durch einen extrem langen, dünnen und beweglichen Schwanz.

Einige Forscher vermuten, dass der Schwanz wie eine Peitsche benutzt wurde. Es gibt Hinweise darauf, dass Diplodocus seine Schwanzspitze sogar mit Überschallgeschwindigkeit bewegen konnte. Wenn das stimmt, dann haben Dinosaurier als erste Lebewesen die Schallmauer durchbrochen!

Von der Haut der Sauropoden gibt es nur spärliche Funde. Sie bestand wohl aus kleinen, rundlichen Schuppen. Es gab aber auch Arten, deren Körper mit panzerartigen Platten oder kurzen Knochenhöckern bedeckt war.

Zackiger Schmuck

Heute wissen wir, dass Diplodocus und seine nahen Verwandten eine Art Band aus spitzen Zacken hatten, das vom Nacken bis zur Schwanzspitze verlief – ähnlich wie bei den heute lebenden Leguanen. Dieser »Körperschmuck« könnte ihnen ein beeindruckendes Aussehen verliehen haben.

Diplodocus

Zeitraum:	vor 150–147 Mio. Jahren
Fundorte:	USA
Größe:	32 m lang
Gewicht:	30 t
Ernährung:	herbivor
Geschwindigkeit:	ca. 16 km/h
Gefährlichkeit:	hoch

Schneller als der Schall?

Möglicherweise konnte Diplodocus mit der Schwanzspitze einen lauten »Peitschenknall« erzeugen, um Rivalen abzuschrecken oder Paarungspartner zu beeindrucken. Wenn eine Peitschenspitze mit mehr als 343 m/s (das entspricht mehr als 1200 km/h!) schwingt, durchbricht sie die Schallmauer und erzeugt einen Knall – ähnlich wie ein Düsenjäger, wenn auch nicht ganz so laut.

Mächtige Schwänze hatten auch andere Dinosaurierarten, doch Diplodocus war eine Ausnahme. Riesige, flügelartige Knochen, die seitlich vom Schwanz abstanden, bildeten den Ansatz für kräftige Muskeln. Dadurch konnte der Schwanz waagerecht hin- und hergeworfen werden.

Lebende Peitsche

Wenn Diplodocus seine Schwanzspitze als Peitsche einsetzte, um einen Angreifer zu verjagen, musste er aufpassen: Bei derart heftigen Bewegungen hätte der Schwanz abbrechen oder die Haut abgerissen werden können.

Sauropoden wie Diplodocus stellen wir uns oft als »sanfte Riesen« vor. Doch wie wir z. B. von Nashörnern wissen, sind Pflanzenfresser keineswegs immer friedlich, sondern können durchaus angriffslustig und gefährlich sein. Der riesige Diplodocus mit seinen kräftigen Beinen und dem Peitschenschwanz war alles andere als harmlos.

Der Geheimnisvollste

Deinocheirus

Im Jahr 1965 fanden Wissenschaftler in der Wüste Gobi (Mongolei) die Überreste eines Dinosauriers, dem sie den Namen Deinocheirus gaben.

Bisher sind nur Hände, Arme und Schulterblätter sowie ein paar Rippen aufgetaucht, weshalb Deinocheirus vor allem dafür berühmt wurde, dass er ein einziges Rätsel ist!

Riesiges Rätsel

Aus den wenigen vorhandenen Knochen haben Forscher ermittelt, dass Deinocheirus ein Gigant gewesen sein muss, vielleicht sogar so groß wie Tyrannosaurus rex. Er könnte ein schneller Läufer mit langen, schlanken Hinterbeinen gewesen sein, mit einem Hornschnabel und riesengroßen Augen – aber das sind alles Vermutungen.

Top 5 der Urzeit-Rätsel

Über diese Dinosaurier wüssten die Experten gerne mehr!

1 ➡ **Deinocheirus** ➡ langarmiger Riese
2 ➡ **Amphicoelias** ➡ Sauropoden-Gigant
3 ➡ **Megaraptor** ➡ Räuber mit großen Klauen
4 ➡ **Yaverlandia** ➡ kleiner Dino mit dickem Kopf
5 ➡ **Xenoposeidon** ➡ merkwürdig aussehender Sauropode

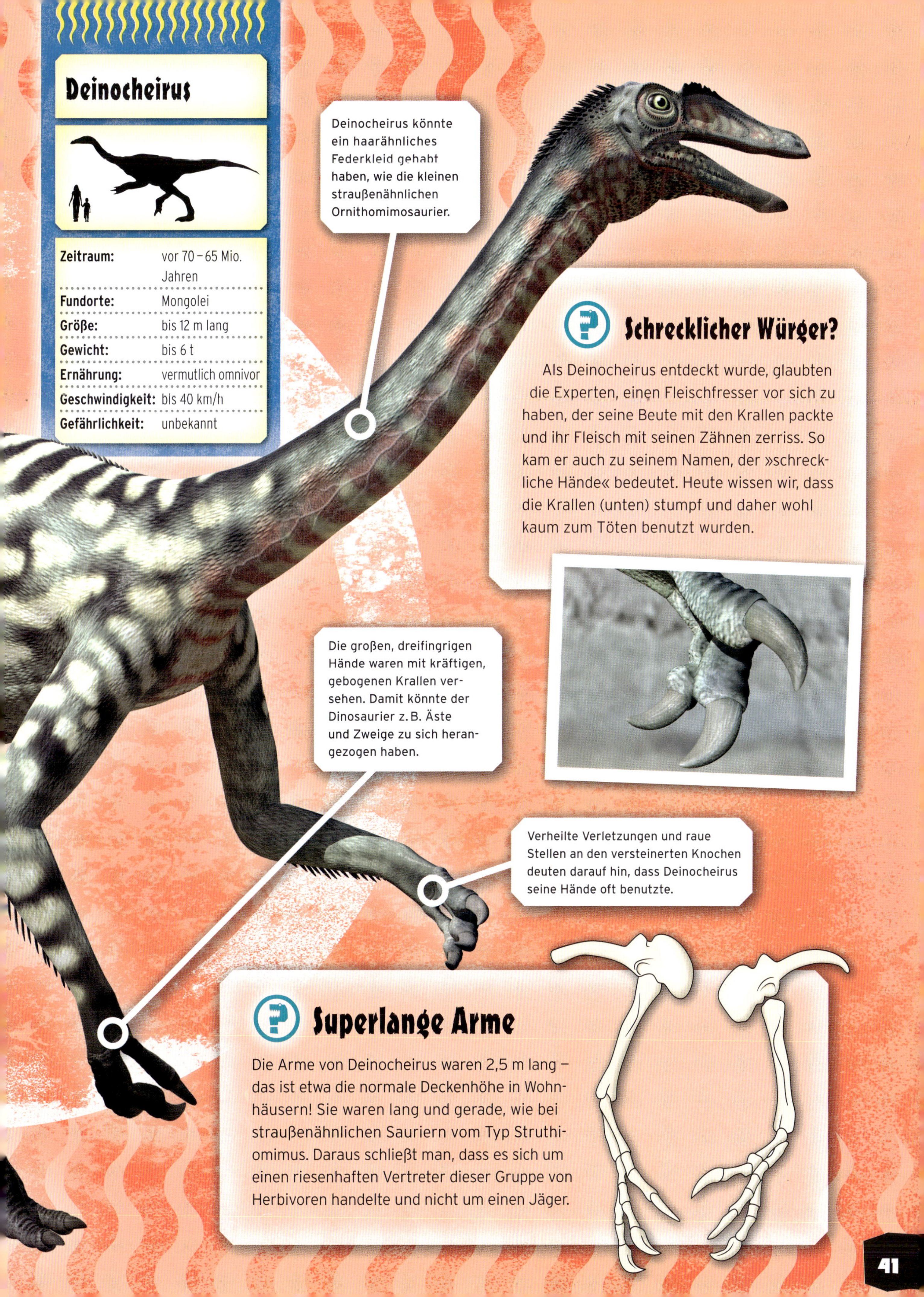

Deinocheirus

Zeitraum:	vor 70 – 65 Mio. Jahren
Fundorte:	Mongolei
Größe:	bis 12 m lang
Gewicht:	bis 6 t
Ernährung:	vermutlich omnivor
Geschwindigkeit:	bis 40 km/h
Gefährlichkeit:	unbekannt

Deinocheirus könnte ein haarähnliches Federkleid gehabt haben, wie die kleinen straußenähnlichen Ornithomimosaurier.

Schrecklicher Würger?

Als Deinocheirus entdeckt wurde, glaubten die Experten, einen Fleischfresser vor sich zu haben, der seine Beute mit den Krallen packte und ihr Fleisch mit seinen Zähnen zerriss. So kam er auch zu seinem Namen, der »schreckliche Hände« bedeutet. Heute wissen wir, dass die Krallen (unten) stumpf und daher wohl kaum zum Töten benutzt wurden.

Die großen, dreifingrigen Hände waren mit kräftigen, gebogenen Krallen versehen. Damit könnte der Dinosaurier z. B. Äste und Zweige zu sich herangezogen haben.

Verheilte Verletzungen und raue Stellen an den versteinerten Knochen deuten darauf hin, dass Deinocheirus seine Hände oft benutzte.

Superlange Arme

Die Arme von Deinocheirus waren 2,5 m lang – das ist etwa die normale Deckenhöhe in Wohnhäusern! Sie waren lang und gerade, wie bei straußenähnlichen Sauriern vom Typ Struthiomimus. Daraus schließt man, dass es sich um einen riesenhaften Vertreter dieser Gruppe von Herbivoren handelte und nicht um einen Jäger.

Der zahnreichste Beutegreifer

Pelecanimimus

Der Raubsaurier Pelecanimimus hatte rund 220 Zähne. Das ist Rekord – nämlich dreimal so viel wie die meisten anderen fleischfressenden Dinosaurier.

Das Bemerkenswerte an Pelecanimimus ist zudem, dass er zu einer Gruppe von Dinosauriern gehört, die dafür bekannt ist, gar keine Zähne zu haben!

Die Zähne ganz vorne im Oberkiefer sind im Querschnitt wie ein D geformt. Der Saurier könnte damit seine Beute gepackt oder sich geputzt haben.

Anders als die meisten Raubsaurier hatte Pelecanimimus winzige, dicht stehende Zähne.

Rätselhafter Beißer

Bislang wurde nur ein einziges, unvollständiges Skelett von Pelecanimimus gefunden. Wir wissen also nicht sicher, warum er so viele Zähne hatte. Eine Erklärung ist, dass er sie wie die gezähnten Schneiden einer Schere einsetzte, wenn er kleine Tiere wie Echsen (unten) oder Vögel fing und zerkleinerte. Es kann aber auch sein, dass Pelecanimimus mit den Zähnen Krabben aus dem Wasser filterte.

Top 5 der »zahnreichsten« Raubsaurier

1 ➡ **Pelecanimimus** ➡ bis zu 220 Zähne
2 ➡ **Buitreraptor** ➡ bis zu 140 Zähne
3 ➡ **Byronosaurus** ➡ bis zu 128 Zähne
4 ➡ **Suchomimus** ➡ 122 Zähne
5 ➡ **Baryonyx** ➡ bis zu 112 Zähne

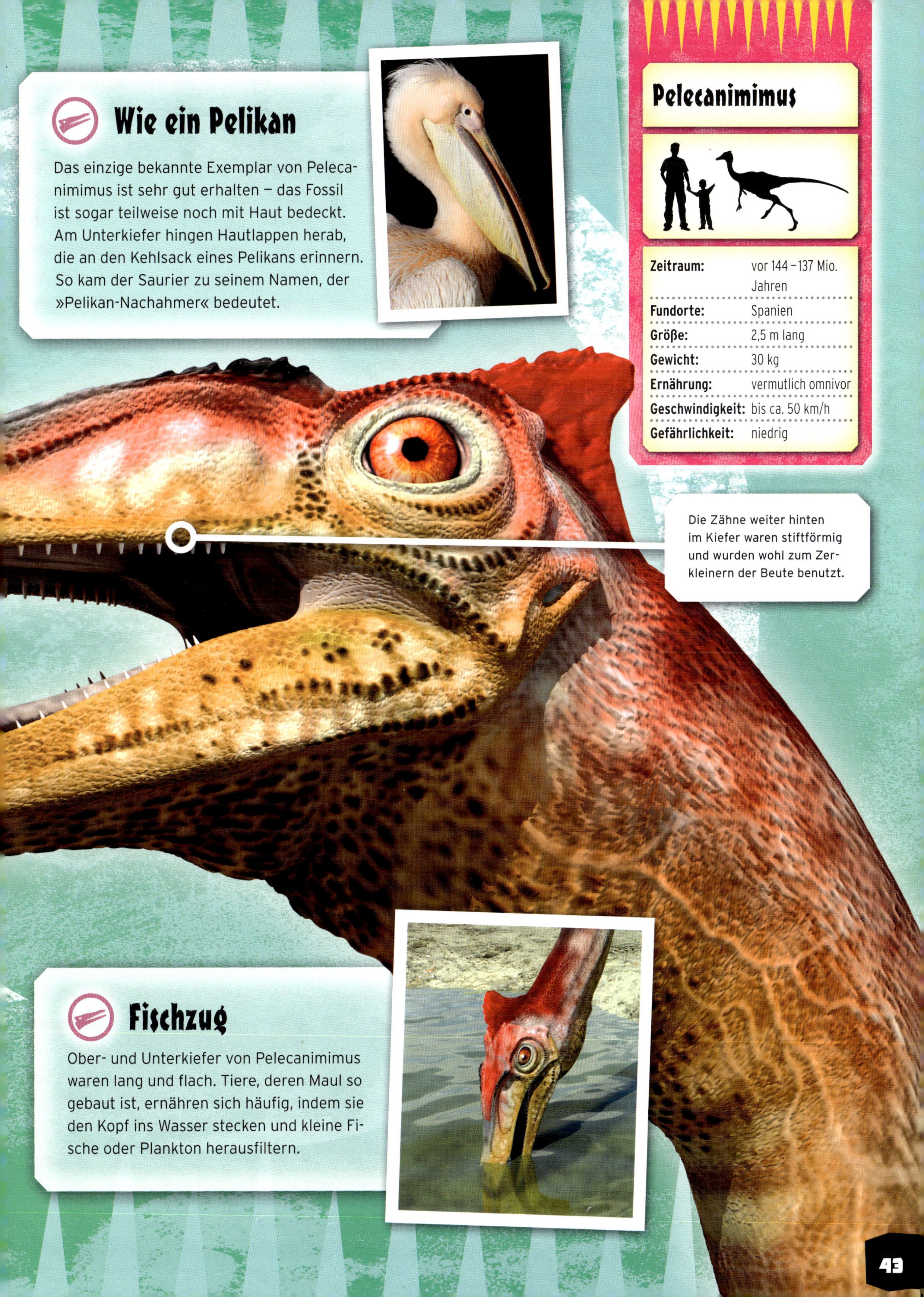

Wie ein Pelikan

Das einzige bekannte Exemplar von Pelecanimimus ist sehr gut erhalten – das Fossil ist sogar teilweise noch mit Haut bedeckt. Am Unterkiefer hingen Hautlappen herab, die an den Kehlsack eines Pelikans erinnern. So kam der Saurier zu seinem Namen, der »Pelikan-Nachahmer« bedeutet.

Pelecanimimus

Zeitraum:	vor 144 – 137 Mio. Jahren
Fundorte:	Spanien
Größe:	2,5 m lang
Gewicht:	30 kg
Ernährung:	vermutlich omnivor
Geschwindigkeit:	bis ca. 50 km/h
Gefährlichkeit:	niedrig

Die Zähne weiter hinten im Kiefer waren stiftförmig und wurden wohl zum Zerkleinern der Beute benutzt.

Fischzug

Ober- und Unterkiefer von Pelecanimimus waren lang und flach. Tiere, deren Maul so gebaut ist, ernähren sich häufig, indem sie den Kopf ins Wasser stecken und kleine Fische oder Plankton herausfiltern.

Größter Angeber

Stegosaurus

Kaum ein Tier hat je so auffallende Körpermerkmale besessen wie Stegosaurus. Wahrscheinlich setzte er sie ein, um andere Tiere zu beeindrucken.

Riesige rautenförmige Knochenplatten, über 70 cm lang und 80 cm breit, zogen sich über Hals, Rücken und Schwanz des Sauriers. Vielleicht waren sie sogar bunt gefärbt.

Die Platten ragten nach oben oder waren etwas zur Seite geneigt. Als Panzerung waren sie damit nutzlos. Aber Stegosaurus war wahrscheinlich schon durch seine Größe vor den meisten Angreifern sicher.

Fantasie gefragt

Die Knochenplatten von Stegosaurus waren mit einer Hornschicht überzogen, die aber bei den Fossilien nicht erhalten ist. Wir wissen, dass diese Schicht aus lebendem, wachsendem Gewebe bestand, aber über ihre Dicke und Form ist nichts bekannt. Vielleicht waren die Platten viel größer, als wir annehmen!

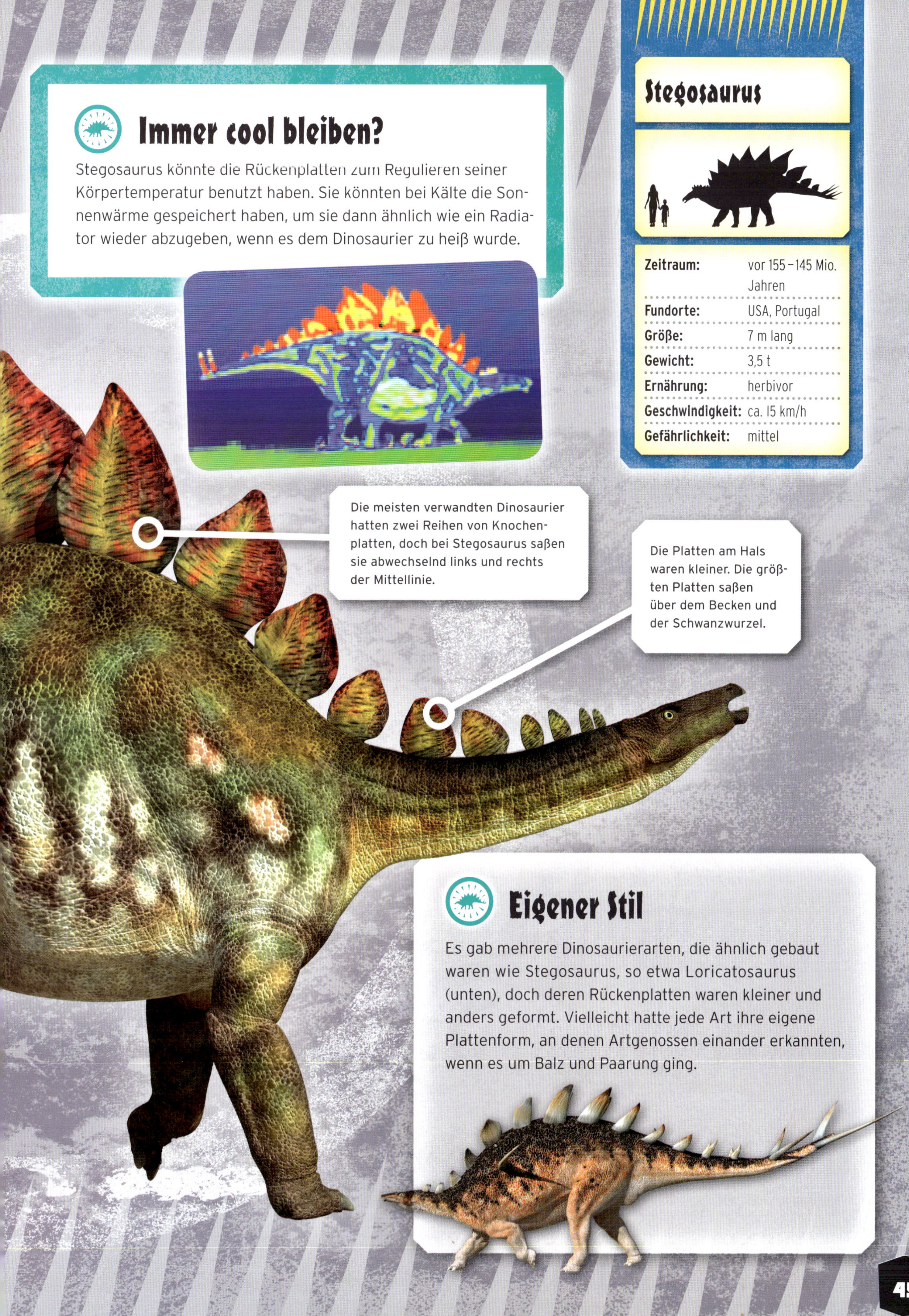

Immer cool bleiben?

Stegosaurus könnte die Rückenplatten zum Regulieren seiner Körpertemperatur benutzt haben. Sie könnten bei Kälte die Sonnenwärme gespeichert haben, um sie dann ähnlich wie ein Radiator wieder abzugeben, wenn es dem Dinosaurier zu heiß wurde.

Stegosaurus

Zeitraum:	vor 155–145 Mio. Jahren
Fundorte:	USA, Portugal
Größe:	7 m lang
Gewicht:	3,5 t
Ernährung:	herbivor
Geschwindigkeit:	ca. 15 km/h
Gefährlichkeit:	mittel

Die meisten verwandten Dinosaurier hatten zwei Reihen von Knochenplatten, doch bei Stegosaurus saßen sie abwechselnd links und rechts der Mittellinie.

Die Platten am Hals waren kleiner. Die größten Platten saßen über dem Becken und der Schwanzwurzel.

Eigener Stil

Es gab mehrere Dinosaurierarten, die ähnlich gebaut waren wie Stegosaurus, so etwa Loricatosaurus (unten), doch deren Rückenplatten waren kleiner und anders geformt. Vielleicht hatte jede Art ihre eigene Plattenform, an denen Artgenossen einander erkannten, wenn es um Balz und Paarung ging.

Längster Kamm

Nyctosaurus

Die Pterosaurier oder Flugsaurier waren fliegende Reptilien, die zur Zeit der Dinosaurier lebten und oft auffällige Knochenkämme hatten. Den längsten von allen hatte ein Pterosaurier namens Nyctosaurus, der über dem Meer umherflog.

Der y-förmige Kamm war fast viermal so lang wie der restliche Schädel. Wir kennen kein anderes Tier im ganzen Mesozoikum, das so einen großen Kamm hatte.

Andere Pterosaurier hatten oft flache Knochenkämme, die wie Platten oder Segel geformt waren. Nyctosaurus ist mit seinem bizarren »Geweih« die große Ausnahme.

Der Kamm bestand aus Knochen, wir wissen jedoch nicht, wie schwer er war.

Nyctosaurus

Zeitraum:	vor 85 – 84 Mio. Jahren
Fundorte:	USA
Größe:	2 m Flügelspannweite
Gewicht:	2,6 kg
Ernährung:	Fische, Tintenfische
Geschwindigkeit:	ca. 25 km/h
Gefährlichkeit:	harmlos

Kopflastig

Nyctosaurus war ein eher kleiner Pterosaurier. Mit 2 m hatte er eine ähnliche Flügelspannweite wie ein Weißkopfseeadler, doch sein Körper war nur 40 cm lang. Der Kamm war doppelt so lang wie der Körper und fast so lang wie ein Flügel. Im Verhältnis zur Körpergröße war der Kamm also riesig.

Top 3 der größten Kämme

1 ➡ Nyctosaurus ➡ Kamm 4 x länger als Schädel
2 ➡ Thalassodromeus ➡ Kamm 1,25 x länger als Schädel
3 ➡ Pteranodon ➡ Kamm in etwa so groß wie Schädel

Männlein oder Weiblein?

Bis vor nicht allzu langer Zeit wurden nur Nyctosaurus-Fossilien mit einem kurzen Kamm am Hinterkopf gefunden. Als dann zwei weitere Exemplare mit langem, y-förmigem Kamm auftauchten, ging man zunächst von einer neuen Art aus. Heute herrscht die Meinung vor, dass die Fossilien mit kleinem Kamm Weibchen und die mit großem Kamm Männchen waren.

Segelflieger?

Eine Theorie besagt, dass zwischen den Zinken des Kamms ein Hautlappen gespannt war, der wie ein Segel oder das Ruder eines Boots funktionierte. Um die Theorie zu überprüfen, bauten Forscher Modelle von Pterosaurier-Köpfen und beobachteten ihr Verhalten im Wind. Dabei zeigte sich, dass die Kämme kaum als Segel oder Ruder taugten, was gegen die Theorie spricht.

Nyctosaurus hatte kurze Beine und lange, schmale Flügel. Da er auf dem Meer jagte, verbrachte er wahrscheinlich die meiste Zeit im Flug.

Größter Raubsaurier

Spinosaurus

Spinosaurus war vielleicht der größte zweibeinige Räuber aller Zeiten, ganz bestimmt aber eine der furchterregendsten Kreaturen, die wir kennen.

In Nordafrika gefundene Fossilien zeigen, dass er ein riesiges Rückensegel und ein krokodilartiges Maul hatte. Er war fast doppelt so lang wie ein Bus und wog mehr als zwei ausgewachsene Elefantenbullen.

Esst mehr Fisch!

Die lange, schmale Schnauze des Spinosaurus gleicht der heutiger Krokodile. Es ist daher wahrscheinlich, dass der Saurier Fische aus dem Wasser fing und nicht etwa andere Dinosaurier erbeutete. Die Fundstellen seiner Fossilien waren früher tropische Lagunen, in denen bis zu 3 m lange Fische schwammen.

Top 5 der großen Räuber

1 → Spinosaurus
2 → Giganotosaurus
3 → Tyrannosaurus rex
4 → Carcharodontosaurus
5 → Mapusaurus

Riesenechse

»Spinosaurus« bedeutet »Stachelechse«. Der Name bezieht sich auf die langen, auffälligen Dornen am Rücken. Niemand weiß, warum dieser Dinosaurier so groß wurde, doch seine Größe war sicherlich von Vorteil bei der Jagd und im Kampf gegen Rivalen.

Spinosaurus

Zeitraum:	vor 112–95 Mio. Jahren
Fundorte:	Nordafrika
Größe:	bis 18 m lang
Gewicht:	10 t
Ernährung:	karnivor
Geschwindigkeit:	ca. 30 km/h
Gefährlichkeit:	hoch

Spinosaurus hatte drei mit Krallen bewehrte Finger an jeder Hand. Die Daumenkralle war sehr groß und konnte als Stichwaffe eingesetzt werden.

Spinosaurus hatte starke, muskulöse Arme, mit denen er mühelos schwere Lasten heben konnte. Möglicherweise war er auch ein Aasfresser und schleppte die Kadaver, die er fand, zum Fressen an einen sicheren Ort.

Ein vollständiges Spinosaurus-Skelett wurde bisher nicht gefunden. Aus den vorhandenen Fossilien kann man jedoch recht genau ermitteln, wie groß und schwer er war – wahrscheinlich rund eineinhalbmal so groß wie ein heute lebender Elefant.

Kleinster Pflanzenfresser

Fruitadens

Der kleinste bisher entdeckte pflanzenfressende Dinosaurier ist der Winzling Fruitadens, der nur so groß wurde wie eine Hauskatze.

Er lief auf den Hinterbeinen und seine Zähne waren zum Kauen von Laub und Früchten gebaut. Mit seinen Klauen könnte er Früchte festgehalten oder auch kleine Echsen gefangen haben.

Kleine Dinosaurier wie Fruitadens hatten viele Fressfeinde. Der sehr lange und biegsame Schwanz dürfte geholfen haben, beim Laufen auf den Hinterbeinen das Gleichgewicht zu halten. So konnte Fruitadens schneller entkommen.

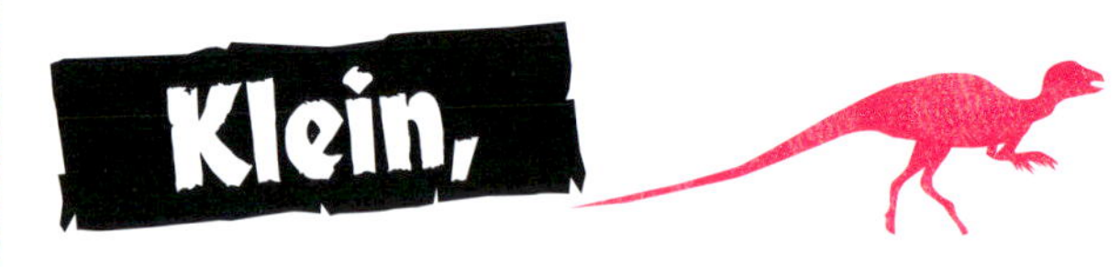

Klein, aber oho

Nachteile geringer Körpergröße

- ★ Nester kleiner Saurier werden leicht durch große Tiere oder Unwetter zerstört.
- ★ Es kostet viel Kraft, größere Entfernungen zu überwinden.
- ★ Kleine Dinosaurier brauchen im Verhältnis zu ihrer Größe viel Nahrung.
- ★ Selbst kleine Tiere wie Eidechsen oder Spinnen können ihnen gefährlich werden.

Vorteile geringer Körpergröße

- ★ Kleine Dinosaurier finden bei Bedrohung durch Feinde oder Unwetter leicht ein Versteck.
- ★ Ein kleiner Dinosaurier braucht nur einen kleinen Bau als Schlafplatz.
- ★ Zwei oder drei Bäume genügen einem kleinen Dinosaurier als Nahrungsquelle.
- ★ Nahrung in Form von Insekten und Samen ist überall leicht zu finden.

Fruitadens

Zeitraum:	vor 150 Mio. Jahren
Fundorte:	USA
Größe:	70 cm lang
Gewicht:	ca. 800 g
Ernährung:	herbivor oder omnivor
Geschwindigkeit:	bis 40 km/h
Gefährlichkeit:	niedrig

Mini-Dinos in unserem Garten

Im Jura entwickelten sich aus kleinen Raubsauriern die heutigen Vögel – in diesem Sinne könnte man sagen, dass immer noch kleine Dinosaurier unter uns leben! Daran sollten wir uns erinnern, wenn nach dem kleinsten Dinosaurier gefragt wird: Diese Bienenelfe, eine Kolibri-Art aus Kuba, ist gerade mal 5 cm lang!

Winzige Dinosaurier wie Fruitadens mussten sich vor großen Räubern verstecken. Sie schliefen vielleicht in Bauen.

Körper und Schwanz von Fruitadens waren möglicherweise mit haarähnlichen Fasern bedeckt.

Merkwürdiges Gebiss

Fruitadens gehört zur Gruppe der Heterodontosaurier, das bedeutet »Echsen mit verschiedenartigen Zähnen«. Sie hatten vorne einen Hornschnabel und weiter hinten Mahlzähne. Ungewöhnlich sind die vorne sitzenden Fangzähne, die wahrscheinlich zum Zubeißen oder als Waffe im Kampf dienten.

Seltsamste Kopfform

Nigersaurus

Nigersaurus, ein herbivorer Dinosaurier, dessen Überreste im westafrikanischen Niger gefunden wurden, hält den Rekord für die merkwürdigste Kopfform.

Sein Maul war der breiteste Teil des Kopfs, was ihm ein bizarres Aussehen verliehen haben muss – ein bisschen wie ein altmodischer Staubsauger. Dank der großen »Klappe« konnte er große Mengen Pflanzennahrung auf einmal fassen.

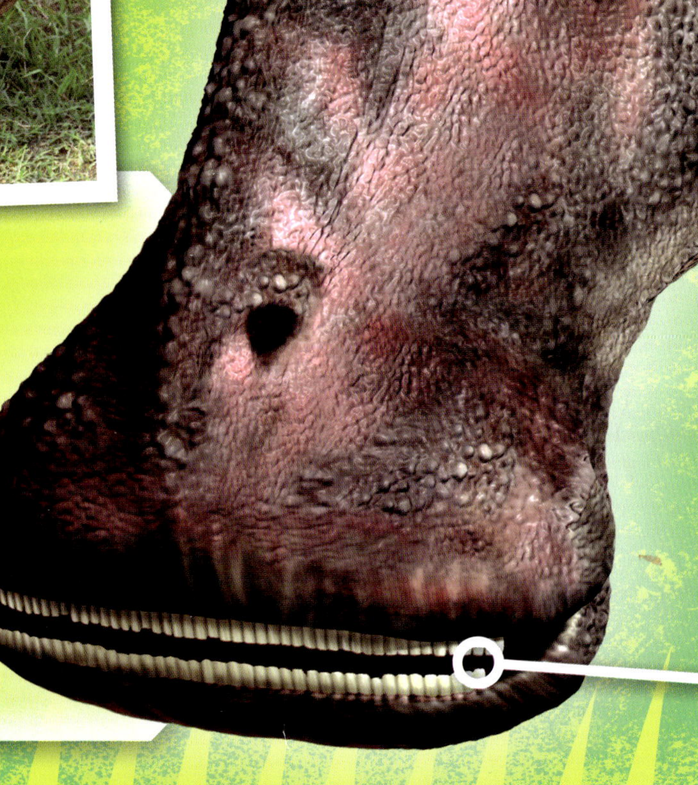

Gewaltige Kiefer

Das breite Maul des Nigersaurus deutet darauf hin, dass der Dinosaurier kleine Pflanzen vom Boden abgraste und dabei mit jedem Biss eine große Portion abriss. In diesem Punkt glich er ein wenig heutigen Nashornarten. Mit seinem relativ kurzen Hals konnte er wohl nicht sehr weit hinaufreichen.

Nigersaurus

Zeitraum:	vor 119 – 99 Mio. Jahren
Fundorte:	Westafrika (Niger)
Größe:	9 m lang
Gewicht:	2 t
Ernährung:	herbivor
Geschwindigkeit:	ca. 15 km/h
Gefährlichkeit:	niedrig

Loch im Kopf

Das breite Maul war nicht das Einzige, was an Nigersaurus' Schädel merkwürdig war. Die Knochen waren für einen Dinosaurier ziemlich dünn und wiesen große Löcher auf, was den Kopf sehr leicht machte. Vielleicht konnte das Tier dadurch schneller den Kopf heben, um nach Gefahren Ausschau zu halten.

Zahn um Zahn

Nigersaurus kaute seine Nahrung mit vielen kleinen, stiftartigen Zähnen, die sich aber durch das zähe Pflanzenmaterial schnell abnutzten. Deshalb wuchsen hinter denen, die gerade benutzt wurden, stets Reihen neuer Zähne nach. So hatte Nigersaurus immer über 500 Zähne im Maul.

Bester Rudeljäger

Deinonychus

Fossilienfunde belegen, dass der vogelartige, fleischfressende Deinonychus im Rudel jagte. Manchmal fand man seine Knochen vermischt mit denen eines großen Pflanzenfressers, des Tenontosaurus.

Auch heute überwältigen oder überlisten manche Eidechsen, Krokodile oder Vögel ihre Beute, indem sie sich zu mehreren zusammentun. Es liegt daher nahe, dass auch Dinosaurier als Gruppe auf Jagd gingen. Vielleicht tat sich Deinonychus nur gelegentlich mit Artgenossen zusammen oder er lebte und jagte in Familiensippen. Neue Funde könnten hier Klarheit schaffen.

Deinonychus war etwa so groß wie ein Wolf. Zweifellos war er in der Lage, kleinere Saurier allein zu erbeuten.

Wahrscheinlich setzte Deinonychus seine großen, sichelförmigen Klauen ein, um Beutetiere zu verletzen. Wenn es ihm gelang, wichtige Blutgefäße oder die Luftröhre des Tiers aufzureißen, konnte er es entscheidend schwächen oder auf der Stelle töten.

Deinonychus
Zeitraum: vor 115 – 108 Mio. Jahren
Fundorte: USA
Größe: 3 m lang
Gewicht: 60 kg
Ernährung: karnivor
Geschwindigkeit: bis zu 55 km/h
Gefährlichkeit: hoch
Wegen der besonders kräftigen Beinmuskeln und -knochen vermuten wir, dass Deinonychus seine Beute ansprang. Möglicherweise konnte er den Sprung mit den Federn an den Vorderbeinen und am Schwanz steuern.
Wie Deinonychus seine Beute genau tötete, wissen wir nicht. Aber seine zahlreichen gebogenen, scharfen Zähne konnten sicher tiefe Wunden reißen. Auf jeden Fall konnte er damit die tote Beute in »mundgerechte« Stücke zerkleinern.
Ausgewachsene Tenontosaurier waren groß und konnten kräftig zubeißen. Die Angreifer mussten sich vor Schlägen mit dem gigantischen Schwanz und Tritten der kräftigen Beine in Acht nehmen.
Manche Rudeljäger haben spezielle Strategien. Während z. B. einzelne Tiere die Beute hetzen, greifen andere von der Seite an und versuchen, verletzliche Körperteile wie Hals oder Bauch zu erwischen.

Größtes Ei

Hypselosaurus

Die größten Dinosaurier-Eier, die bisher gefunden wurden, stammen wahrscheinlich von Hypselosaurus.

Das größte der Eier ist fast 30 cm lang und 25 cm breit, bei einem Volumen von rund 3,3 Litern. Das entspricht in etwa 73 Hühnereiern!

Dinosaurier-Kinderstube

Dinosaurier wie Hypselosaurus bauten keine komplizierten Nester. Stattdessen legten sie ihre Eier in Reihen oder in Kreisform ab, um sie anschließend wahrscheinlich mit Sand oder Erde zu bedecken. Wir wissen nicht, ob die Elterntiere das Gelege bewachten. Vielleicht überließen sie die Eier auch sich selbst und ließen sie von der Sonne ausbrüten.

Rekord-Ei

Hypselosaurus hält den Rekord für die größten Dinosaurier-Eier, doch die größten Eier überhaupt legte ein Vogel namens Aepyornis, der auf Madagaskar lebte und auch als »Elefantenvogel« bekannt ist. Dieser Vogelriese starb erst vor einigen Jahrhunderten aus. Seine Eier waren bis zu 39 cm lang und 32 cm breit, mit einem Volumen von 4 Hypselosaurus- oder ungefähr 292 Hühnereiern!

Aepyornis-Ei Hypselosaurus-Ei Hühnerei

Hypselosaurus

Zeitraum:	vor 70 – 65 Mio. Jahren
Fundorte:	Frankreich
Größe:	15 m lang
Gewicht:	7 t
Ernährung:	herbivor
Geschwindigkeit:	ca. 15 km/h
Gefährlichkeit:	mittel

Top 3 der größten Dino-Eier

1 ➡ **Hypselosaurus**
Ein Ei entspricht 73 Hühnereiern.

2 ➡ **Macroelongatoolithus**
Ein Ei entspricht 70 Hühnereiern.

3 ➡ **Hypacrosaurus**
Ein Ei entspricht 65 Hühnereiern.

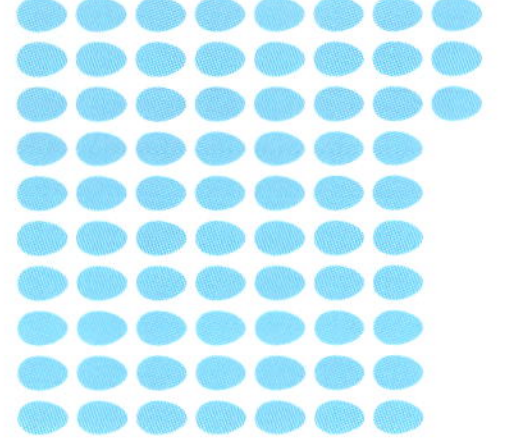

Hühnereier

Hypselosaurus-Ei

Über das Aussehen von Hypselosaurus ist wenig bekannt, aber wir wissen, dass er sehr groß war – möglicherweise bis zu 15 m lang.

Wessen Ei ist das?

Wenn Eier versteinern, bleibt meist nur die Schale übrig. Nur sehr selten sind auch noch die Knochen des darin liegenden Dinosaurier-Babys erhalten. Nur dann können die Experten herausfinden, welcher Dinosaurier das Ei gelegt hat. Bisher wurden keine Hypselosaurus-Eier mit Embryos darin gefunden.

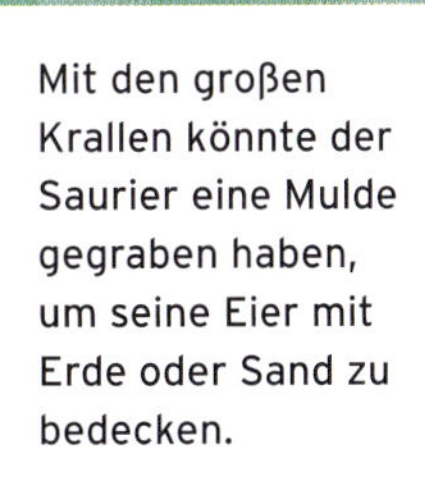

Mit den großen Krallen könnte der Saurier eine Mulde gegraben haben, um seine Eier mit Erde oder Sand zu bedecken.

Zur Eiablage kauerte oder legte das Weibchen sich wahrscheinlich hin, damit die Eier nicht aus zu großer Höhe herabfielen.

Der kräftigste Biss!

Tyrannosaurus rex

Tyrannosaurus rex war nicht nur groß – er konnte auch so kraftvoll zubeißen wie kaum ein anderes Lebewesen in der Erdgeschichte.

Forscher haben ermittelt, dass sein Biss bis zu sechsmal kräftiger als der eines Krokodils war. Mit diesen Kiefern konnte Tyrannosaurus rex mühelos Knochen durchbeißen und sogar Kopf und Rumpf seines Beutetiers zermalmen.

Bewegliche Kieferknochen ermöglichten es manchen Dinosauriern, große Brocken Fleisch ganz herunterzuschlucken. Bei Tyrannosaurus rex war es anders: Manche seiner Kieferknochen waren miteinander verwachsen. Dadurch wurden sie zwar steif, aber dafür umso kräftiger.

Gewaltige Kiefer

In Fossilfunden kann man die Kraft des Mauls von Tyrannosaurus rex sehen: In Montana wurden Überreste eines Triceratops gefunden, dem ein Tyrannosaurus rex ein Stirnhorn abgebissen hatte. Und einem Edmontosaurus fehlte ein gewaltiges Stück seines Schwanzes. Tyrannosaurus rex war aber der einzige große Raubsaurier, der gleichzeitig mit Edmontosaurus lebte – also muss er der Angreifer gewesen sein!

Die Top 5 der Beißer

Die fünf Dinosaurier mit dem kraftvollsten Biss gehören alle der Familie der Tyrannosauriden an:

1 ➡ **Tyrannosaurus rex**
2 ➡ **Tarbosaurus**
3 ➡ **Daspletosaurus**
4 ➡ **Albertosaurus**
5 ➡ **Gorgosaurus**

Tyrannosaurus rex

Zeitraum:	vor 67 – 65 Mio. Jahren
Fundorte:	USA, Kanada
Größe:	12 m lang
Gewicht:	6 t
Ernährung:	karnivor
Geschwindigkeit:	bis zu 29 km/h
Gefährlichkeit:	hoch

Furchterregende Fänge!

Die Zähne von Tyrannosaurus rex waren wie Patronen geformt, im Querschnitt abgerundet, mit langen Wurzeln tief verankert und unglaublich kräftig. Die längsten waren – einschließlich Wurzel – bis zu 40 cm lang. Kleinere Zähne vorne am Gebiss waren eher zum Zuschnappen geeignet. Hinten im Gebiss waren die Zähne kurz, aber stark gebogen.

Stachligster Nacken

Amargasaurus

Ein riesiger pflanzenfressender Dinosaurier namens Amargasaurus trägt den Preis in der Kategorie »stachligster Nacken« davon.

Sein Hals war mit zwei Reihen langer Knochendornen gespickt, die direkt hinter dem Kopf anfingen und sich bis zur Schulterregion zogen. Möglicherweise waren die Dornen jeder Reihe miteinander verwachsen, sodass zwei lange Hautsegel entstanden.

Auch aus Rücken und Schwanz ragten knochige Stacheln. Diese waren vermutlich mit Muskeln und Haut überzogen.

Bizarre Wirbel

Amargasaurus hatte zweimal neun Knochendornen, die aus seinen Wirbeln wuchsen. Alle Wirbeltiere haben solche sogenannten Dornfortsätze an den Wirbelknochen, aber bei keinem anderen Lebewesen sind sie so merkwürdig geformt. Sie waren etwa 50 cm lang und an den Spitzen abgerundet.

Top 5 der stachligsten Dinosaurier

1 ➡ **Amargasaurus** ➡ Stacheln am Hals
2 ➡ **Edmontonia** ➡ Stacheln an Hals, Schultern und Seite
3 ➡ **Kentrosaurus** ➡ Stacheln an Rücken, Schultern und Schwanz
4 ➡ **Sauropelta** ➡ Stacheln an Hals und Schultern
5 ➡ **Loricatosaurus** ➡ Stacheln an Schultern und Schwanz

Spekulationen

Amargasaurus könnte seine Stacheln zur Abwehr von Feinden eingesetzt haben, ähnlich wie das heutige Stachelschwein. Oder er erzeugte damit ein klapperndes Geräusch, das Angreifer vertrieb. Und wenn sie durch Hautlappen zu Segeln verbunden waren, könnte er sie sogar zur Verständigung mit anderen Dinosauriern benutzt haben.

Die längsten Dornen befanden sich in der Mitte des Nackens; nahe dem Kopf waren sie kürzer.

Amargasaurus könnte bei Rivalenkämpfen seinen langen, biegsamen Hals als Waffe eingesetzt haben.

Amargasaurus

Zeitraum:	vor 130–125 Mio. Jahren
Fundorte:	Argentinien
Größe:	13 m lang
Gewicht:	4 t
Ernährung:	herbivor
Geschwindigkeit:	ca. 15 km/h
Gefährlichkeit:	mittel

Härtester Kopf

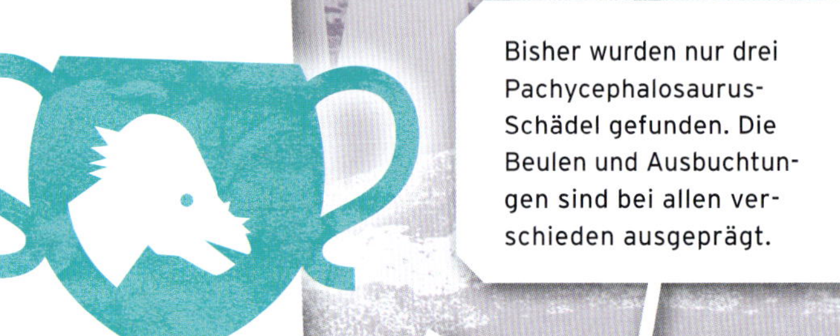

Bisher wurden nur drei Pachycephalosaurus-Schädel gefunden. Die Beulen und Ausbuchtungen sind bei allen verschieden ausgeprägt.

Pachycephalosaurus

Der Dickschädel Pachycephalosaurus war ein herbi- oder omnivorer Dinosaurier, dessen Schädel an der Oberseite eine kugelförmige Ausbuchtung aufwies.

Das Schädeldach war unglaubliche 25 cm dick. Zum Vergleich: Bei deinem Schädel sind es nur wenige Millimeter!

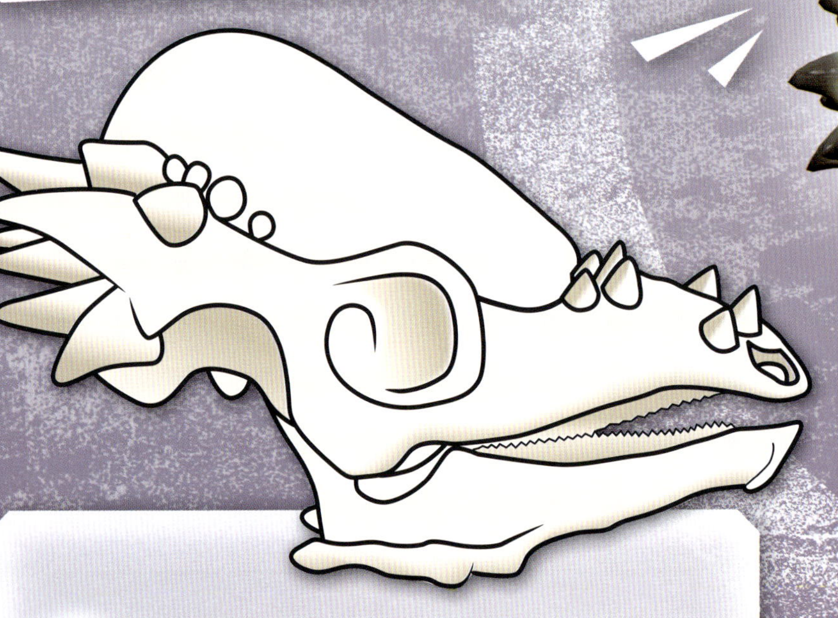

Bin ich schön?

Schnauze und Hinterkopf waren bei Pachycephalosaurus mit knochigen Beulen und Stacheln besetzt. Manche Experten glauben, dass er damit auf Paarungspartner attraktiver wirkte oder anderen Dinosauriern imponieren konnte.

Pachycephalosaurus

Zeitraum:	vor 70 – 65 Mio. Jahren
Fundorte:	USA
Größe:	5 m lang
Gewicht:	ca. 500 kg
Ernährung:	omivor
Geschwindigkeit:	ca. 30 km/h
Gefährlichkeit:	niedrig

Harte Burschen

Einer Theorie zufolge rammten diese Dinosaurier sich gegenseitig wie Football-Spieler, wenn sie um Paarungspartner oder Reviergrenzen kämpften. Allerdings scheinen ihre Skelette für so heftige Stöße nicht stabil genug gewesen zu sein – also waren die auffälligen Schädelkuppeln wohl doch nur zum Imponieren da.

Falls Pachycephalosaurus seine Schädelkuppel zu Imponierzwecken einsetzte, könnte es sein, dass auch die Haut mit auffälligen Farbflecken gezeichnet war.

Mini-Dickköpfe?

Manche »Dickkopfsaurier«-Fossilien haben kleinere Schädelkuppeln als Pachycephalsosaurus, andere haben gar keine Kuppel, sondern ein flaches Schädeldach mit spitzen Knochendornen. Vielleicht veränderte Pachycephalosaurus seine Gestalt beim Heranwachsen und es handelt sich bei den »kuppellosen« Fossilien um jüngere Tiere.

Pachycephalosaurus hatte kleine Arme und Hände und einen langen, versteiften Schwanz. Er konnte vermutlich recht schnell laufen.

Erster großer Dinosaurier

Herrerasaurus

Der erste karnivore Dinosaurier in der Entwicklungsgeschichte, der richtig groß wurde, war Herrerasaurus. Er lebte in der Trias, vor rund 230 Millionen Jahren.

Zwar war er längst nicht so groß wie die riesigen Raubsaurier späterer Zeiten, aber im Vergleich zu allen früheren Dinosauriern war er ein wahrer Gigant.

Mörderisches Gebiss

Herrerasaurus hatte einen riesigen, massiven Schädel, eine lange, schmale Schnauze und starke Kiefer. In seinem Maul saßen an die 80 gezackte, scharfe und zum Teil enorm große Zähne. Diese Merkmale deuten darauf hin, dass er sehr große Tiere erbeuten konnte – vielleicht auch solche, die kaum kleiner waren als er selbst. Vermutlich schwächte er sie zuerst durch tiefe Bisse, die zu starkem Blutverlust führten.

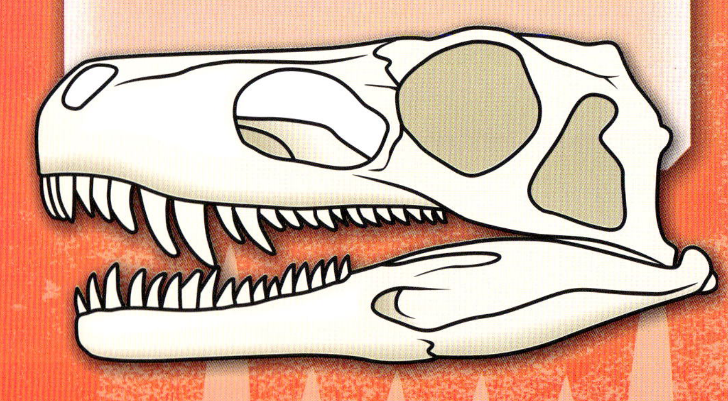

Mit 4,5 m Länge war Herrerasaurus schon riesig. Aber die späteren karnivoren Dinosaurier stellten ihn locker in den Schatten: Sie waren dreimal so lang und bis zu 50-mal so schwer!

Im Klammergriff

Herrerasaurus hatte an jeder Hand drei Finger mit langen, gebogenen Krallen. Das lässt vermuten, dass er als einer der ersten Dinosaurier seine Hände benutzte, um Beutetiere zu packen und zu verletzen. Die Handflächen wiesen nach innen. Herrerasaurus dürfte daher die Beute mit beiden Händen festgehalten haben, während er mit seinen riesigen, scharfen Zähnen zubiss.

Herrerasaurus

Zeitraum:	vor 230 Mio. Jahren
Fundorte:	Argentinien
Größe:	4,5 m lang
Gewicht:	200 kg
Ernährung:	karnivor
Geschwindigkeit:	ca. 50 km/h
Gefährlichkeit:	hoch

Herrerasaurus hatte einen kürzeren und weniger biegsamen Hals als die späteren, mehr vogelähnlichen fleischfressenden Dinosaurier der Jura- und Kreidezeit.

Triumph der Dinosaurier

Die frühen Dinosaurier waren kleine Tiere. Sie lebten gleichzeitig mit wesentlich größeren, krokodilartigen Reptilien, die als Crurotarsi bekannt sind (unten). Herrerasaurus war ebenfalls ein Zeitgenosse dieser gepanzerten Ungeheuer, denen er wohl möglichst aus dem Weg ging. Die Crurotarsi verschwanden schließlich fast vollständig. Erst danach wurden die Dinosaurier zu den alles beherrschenden Landtieren.

Herrerasaurus lebte mehr als 150 Millionen Jahre vor den weiter entwickelten Raubsauriern wie Tyrannosaurus rex. Das heißt, dass zwischen Herrerasaurus und Tyrannosaurus mehr Zeit lag als zwischen Tyrannosaurus und uns Menschen!

Meeresreptil mit Riesenaugen

Ophthalmosaurus

Die Ichthyosaurier oder Fischsaurier waren delfinähnliche Meeresreptilien, die in den urzeitlichen Ozeanen schwammen. Einer von ihnen, Ophthalmosaurus, hatte im Vergleich zu seiner Körpergröße riesige Augen.

Bei 4 m Körperlänge hatten seine Augäpfel einen Durchmesser von unglaublichen 23 cm – das ist ungefähr die Größe eines Fußballs! Solche Glupschaugen entwickelte Ophthalmosaurus wahrscheinlich, um im tiefen Wasser besser sehen und jagen zu können.

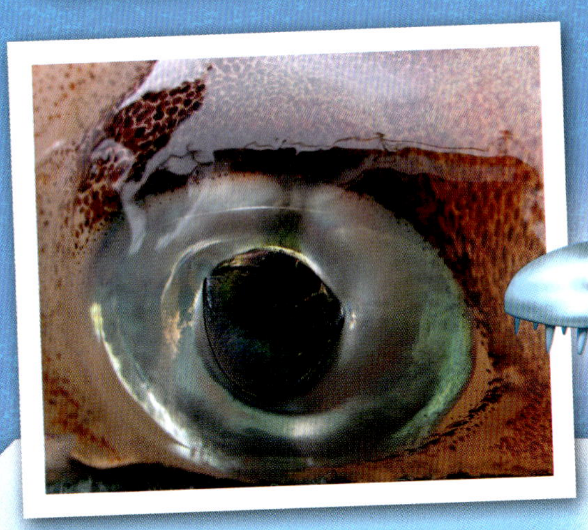

Nachtsicht

Mit seinen riesigen Augen konnte Ophthalmosaurus vermutlich auch im Dunkeln gut sehen. Wie der heutige Riesenkalmar, dessen Auge hier abgebildet ist, konnte er damit wohl auch Hunderte von Metern unter dem Meeresspiegel jagen.

Ein anderer Ichthyosaurier, der in England gefundene Temnodontosaurus, hatte noch größere Augen. Allerdings war er auch viel länger, sodass die Augen im Verhältnis zum Körper nicht ganz so groß waren.

Da die Augen mit Flüssigkeit gefüllt sind, ändern sie nicht ihre Form, wenn das Tier in große Tiefen taucht. Das gilt nicht für den Rest des Körpers, dessen Organe zusammengedrückt und manchmal auch verschoben werden können.

Größte Unterwasser-Augen

Hier ein Vergleich der Augen des Ophthalmosaurus mit denen zweier heutiger Meeresriesen:

1 ➡ Riesenkalmar ➡ 25 cm Durchmesser
2 ➡ Ophthalmosaurus ➡ 23 cm Durchmesser
3 ➡ Blauwal ➡ 15 cm Durchmesser

Blauwal

Ophthalmosaurus

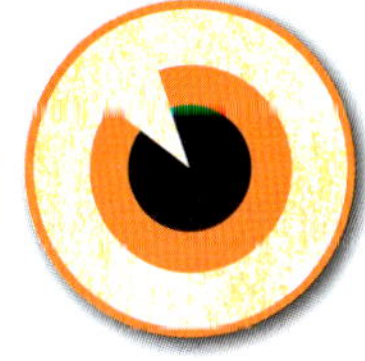
Riesenkalmar

Schau mir in die Augen

Wir wissen, dass Ophthalmosaurus große Augen hatte, weil die Augenhöhlen im Schädel (unten) riesig sind. Was wir nicht kennen, ist die Form der Pupillen. Vielleicht waren sie schlitzförmig, wie bei manchen heutigen Tieren mit guter Nachtsicht, wie etwa Katzen. Sie könnten sogar eckig gewesen sein, wie die Pupillen mancher Pinguine. Auf jeden Fall glauben wir, dass sie sich stark vergrößerten, wenn Ophthalmosaurus in die Tiefe abtauchte, damit möglichst viel Licht eindrang.

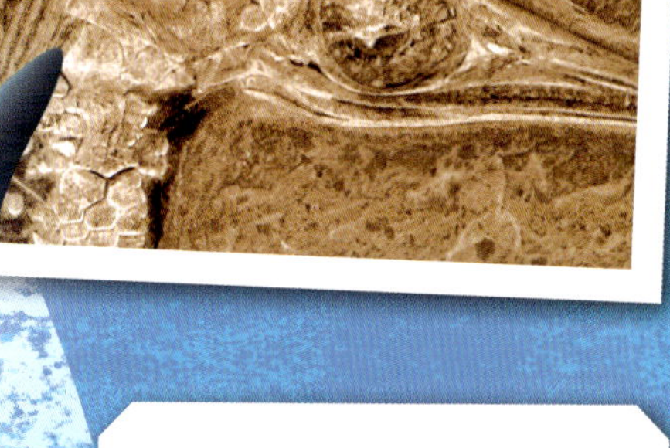

Ophthalmosaurus war ein flinker, thunfischähnlicher Räuber, der sich mit seinem kräftigen Schwanz durchs Wasser bewegte.

Überall zu Hause

Seine guten Augen machten Ophthalmosaurus zu einem hervorragenden Jäger, dessen Revier der größte Lebensraum der Erde war – der Ozean. Deshalb wurden Fossilien von Ophthalmosaurus auch in der ganzen Welt gefunden, in allen Regionen, die im Jura von flachen Meeren bedeckt waren.

Ophthalmosaurus

Zeitraum:	vor 165–145 Mio. Jahren
Fundorte:	weltweit
Größe:	4 m lang
Gewicht:	1 t
Ernährung:	Fische, Tintenfische
Geschwindigkeit:	ca. 10 km/h
Gefährlichkeit:	mittel

Längster Schwanz

Leaellynasaurus

Den Rekord für den längsten Schwanz hält ein kleiner, auf zwei Beinen laufender Dinosaurier namens Leaellynasaurus.

Sein Schwanz hatte über 70 Knochen und war dreimal so lang wie Kopf, Hals und Rumpf zusammengenommen. Damit hat er im Verhältnis zur Körperlänge den längsten Schwanz aller bisher entdeckten Dinosaurier.

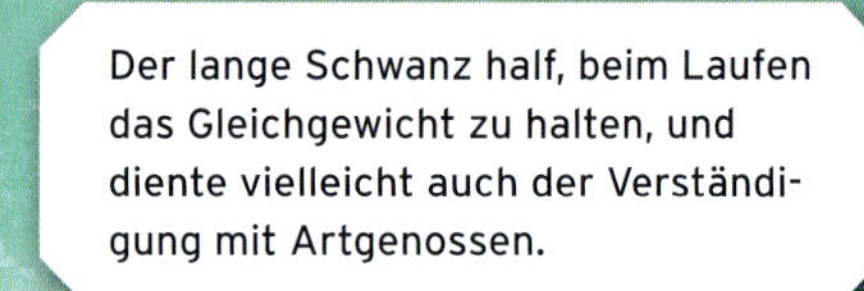

Der Schädel lässt erkennen, dass das Tier sehr große Augen hatte, was ihm wohl bei der nächtlichen Nahrungssuche half.

Warum so lang?

Leaellynasaurus wurde in Südaustralien gefunden, das in der Kreidezeit innerhalb des Südpolarkreises lag. Ein so kleines Tier konnte im Winter nicht einfach in wärmere Regionen wandern, also musste es viele Monate in Kälte und Dunkelheit ausharren. Dabei könnte ihm der lange Schwanz vielleicht als Wärmespeicher gedient haben.

Leaellynasaurus

Zeitraum:	vor 125–120 Mio. Jahren
Fundorte:	Australien
Größe:	3 m lang
Gewicht:	90 kg
Ernährung:	herbivor
Geschwindigkeit:	ca. 50 km/h
Gefährlichkeit:	harmlos

Längster Schwanz aller Zeiten

Leaellynasaurus hält den Rekord für den längsten Schwanz im Vergleich zur Körpergröße, doch der längste Dinosaurierschwanz überhaupt gehörte einem Riesen-Sauropoden namens Amphicoelias fragillimus. Nur Teile seines Schwanzes sind erhalten, doch Experten haben errechnet, dass er über 30 m lang gewesen sein könnte – ungefähr so lang wie drei Busse!

Andere Dinosaurier hatten eine ähnliche Anzahl von Schwanzknochen, aber die einzelnen Knochen waren nicht so lang wie bei Leaellynasaurus.

Wärmender Schwanz

Vielleicht wickelte Leaellynasaurus sich in seinen superlangen, biegsamen Schwanz ein, um sich warm zu halten, wie es z. B. die heutigen Schneeleoparden tun. Man weiß inzwischen, dass die kleinen pflanzenfressenden Dinosaurier am Schwanz haarähnliche Fasern hatten. Wenn Leaellynasaurus so einen pelzigen Schwanz hatte, konnte er sich umso besser damit wärmen.

Dinosaurier-Höhle

Möglicherweise zog Leaellynasaurus sich während der Wintermonate in unterirdische Baue zurück. Wir wissen bereits, dass manche kleine, zweibeinige Dinosaurier sich Höhlen gruben. Es ist also denkbar, dass die urzeitlichen Baue, die in der Nähe der Leaellynasaurus-Fossilien gefunden wurden, das Werk dieses kleinen Dinosauriers sind.

Wichtigste Entdeckung

Deinonychus

Im Jahr 1964 wurde ein vogelartiger Dinosaurier entdeckt, den man Deinonychus nannte. Das war der wichtigste Dinosaurierfund aller Zeiten, denn er veränderte unsere Vorstellungen von diesen Tieren grundlegend.

Der Fund zeigte, dass Dinosaurier nicht grundsätzlich träge, echsenartige Lebewesen waren, wie viele Experten geglaubt hatten. Tatsächlich waren manche schnell und hatten sogar gleichwarme, vogelartige Körper mit Federn.

Vogelartige Dinosaurier wie Deinonychus wurden früher mit schuppiger Haut dargestellt. Neue Fossilfunde haben gezeigt, dass sie wie Vögel mit Federn bedeckt waren.

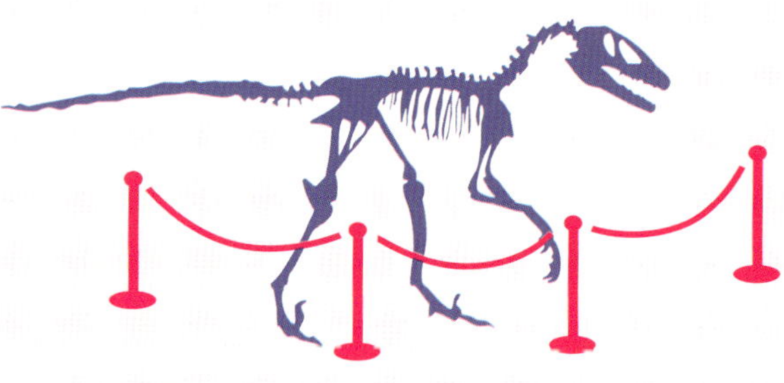

Ein Neubeginn

Die Entdeckung von Deinonychus löste eine neue Welle von Forschungen aus, die »Dinosaurier-Renaissance«. Die Wissenschaftler begannen alles zu überdenken, was sie über Dinosaurier wussten, und das führte zu vielen spannenden Ausstellungen in den Museen. Deshalb kann Deinonychus als der bislang bedeutendste Dinosaurierfund gelten.

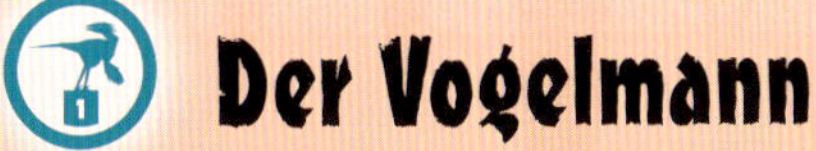

Der Vogelmann

Der Wissenschaftler hinter der Entdeckung und Erforschung von Deinonychus war John Ostrom (links). Er wird oft der Vater der Dinosaurier-Renaissance genannt, weil er als Erster erkannte, dass Deinonychus (rechts ein Schädelfund) und ähnliche Dinosaurier eng mit den Vögeln verwandt waren und dass die Vögel sich im Jura aus den Dinosauriern entwickelt haben.

Gleichwarm oder wechselwarm?

Wenn Deinonychus ein flinkes, vogelartiges Lebewesen war, könnte er dann gleichwarm gewesen sein wie ein heutiger Vogel und nicht wechselwarm wie eine Echse? Ostrom hielt das für wahrscheinlich. Einer seiner Schüler, Robert Bakker (links), brachte später die Theorie auf, dass alle Dinosaurier aktive, gleichwarme Tiere gewesen seien. Andere widersprachen und die Debatte dauert an. Vielleicht gab es ja wechselwarme und gleichwarme Dinosaurier.

Deinonychus muss kräftige Muskeln gehabt haben, die von einem großen Herzen durchblutet wurden. Diese großen Muskeln und Organe sind ein Hinweis darauf, dass Dinosaurier wie diese gleichwarm waren.

Deinonychus hatte seine Hauptwaffen – die riesigen Krallen – an den Füßen. Um sie einzusetzen, musste er geschickt das Gleichgewicht halten.

Deinonychus

Zeitraum:	vor 115–108 Mio. Jahren
Fundorte:	USA
Größe:	3 m lang
Gewicht:	60 kg
Ernährung:	karnivor
Geschwindigkeit:	ca. 55 km/h
Gefährlichkeit:	hoch

Ältester Vogel

Archaeopteryx

Fossilienfunde zeigen, dass die Vögel sich aus kleinen Raubsauriern entwickelten – und da es ja immer noch Vögel gibt, kann man sagen, dass die Dinosaurier eigentlich nie ausgestorben sind!

Der älteste Vogel, den wir kennen, ist Archaeopteryx. Obwohl er wahrscheinlich fliegen konnte und ein Federkleid trug, glich er sehr den anderen kleinen, gefiederten Raubsauriern und muss aus ihnen hervorgegangen sein.

Früher Vogel

Archaeopteryx sah den heutigen Vögeln wahrscheinlich nicht sehr ähnlich. Vielmehr dürfte er an eine kleinere Version der gefiederten karnivoren Dinosaurier wie Velociraptor erinnert haben. In seiner schmalen Schnauze saßen winzige Zähne (links). Er hatte lange Finger mit Krallen, einen langen, gefiederten Schwanz und einen tiefen, schmalen Rumpf.

Archaeopteryx

Zeitraum:	vor 155–150 Mio. Jahren
Fundorte:	Deutschland
Größe:	50 cm lang
Gewicht:	500 g
Ernährung:	karnivor
Geschwindigkeit:	ca. 50 km/h
Gefährlichkeit:	harmlos

Zum Laufen geboren

Weil man sich Archaeopteryx immer als den »ersten Vogel« vorgestellt hat, wird er oft wie eine Taube auf einem Ast sitzend dargestellt. Tatsächlich lassen die langen Beine und die Form der Zehen und Krallen darauf schließen, dass er flink über den Boden lief und dabei jeweils die zweite Zehe angehoben hielt. Vielleicht flog er nur, wenn er vor einer Gefahr fliehen musste.

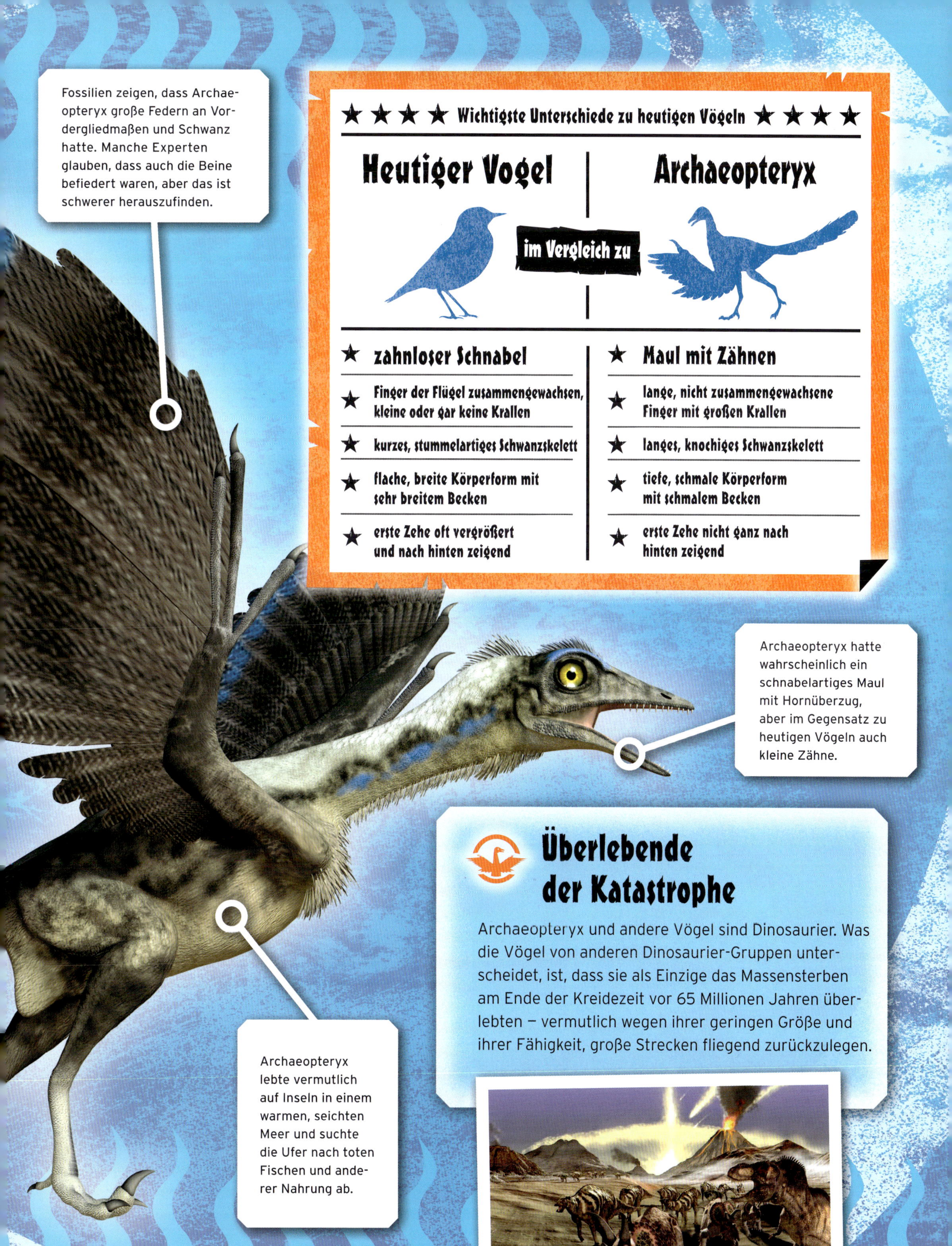

Fossilien zeigen, dass Archaeopteryx große Federn an Vordergliedmaßen und Schwanz hatte. Manche Experten glauben, dass auch die Beine befiedert waren, aber das ist schwerer herauszufinden.

★★★★ Wichtigste Unterschiede zu heutigen Vögeln ★★★★

Heutiger Vogel	Archaeopteryx
★ zahnloser Schnabel	★ Maul mit Zähnen
★ Finger der Flügel zusammengewachsen, kleine oder gar keine Krallen	★ lange, nicht zusammengewachsene Finger mit großen Krallen
★ kurzes, stummelartiges Schwanzskelett	★ langes, knochiges Schwanzskelett
★ flache, breite Körperform mit sehr breitem Becken	★ tiefe, schmale Körperform mit schmalem Becken
★ erste Zehe oft vergrößert und nach hinten zeigend	★ erste Zehe nicht ganz nach hinten zeigend

im Vergleich zu

Archaeopteryx hatte wahrscheinlich ein schnabelartiges Maul mit Hornüberzug, aber im Gegensatz zu heutigen Vögeln auch kleine Zähne.

Archaeopteryx lebte vermutlich auf Inseln in einem warmen, seichten Meer und suchte die Ufer nach toten Fischen und anderer Nahrung ab.

Überlebende der Katastrophe

Archaeopteryx und andere Vögel sind Dinosaurier. Was die Vögel von anderen Dinosaurier-Gruppen unterscheidet, ist, dass sie als Einzige das Massensterben am Ende der Kreidezeit vor 65 Millionen Jahren überlebten – vermutlich wegen ihrer geringen Größe und ihrer Fähigkeit, große Strecken fliegend zurückzulegen.

Der Größte aller Zeiten!

Sauroposeidon

Riesengroß, mit langen Vorderbeinen und einem Hals wie ein Schiffsmast: Sauroposeidon ist der größte pflanzenfressende Dinosaurier, der je entdeckt wurde.

Mit seinen 20 m Kopfhöhe hätte er im sechsten Stock zum Fenster hereinschauen können! Sein Hals war mindestens 11,5 m lang, möglicherweise sogar noch länger.

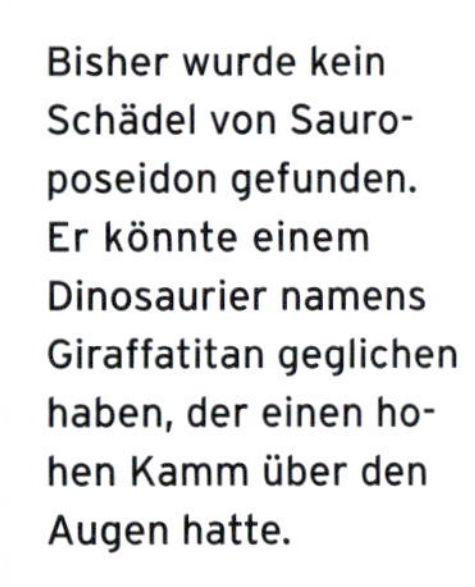

Bisher wurde kein Schädel von Sauroposeidon gefunden. Er könnte einem Dinosaurier namens Giraffatitan geglichen haben, der einen hohen Kamm über den Augen hatte.

Zeitraum:	vor 115–105 Mio. Jahren
Fundorte:	USA
Größe:	27 m lang
Gewicht:	40 t
Ernährung:	herbivor
Geschwindigkeit:	ca. 15 km/h
Gefährlichkeit:	hoch

Offene Fragen

Nur wenige Halswirbel dieses Dinosauriers wurden bisher gefunden – und einige riesige Fußabdrücke (oben), die vermutlich ebenfalls von Sauroposeidon stammen. Wir wissen nicht sicher, ob er sehr hoch oder doch eher sehr lang war. Aber da die meisten heutigen Landtiere den Hals senkrecht halten, nimmt man an, dass dies auch für Sauroposeidon galt.

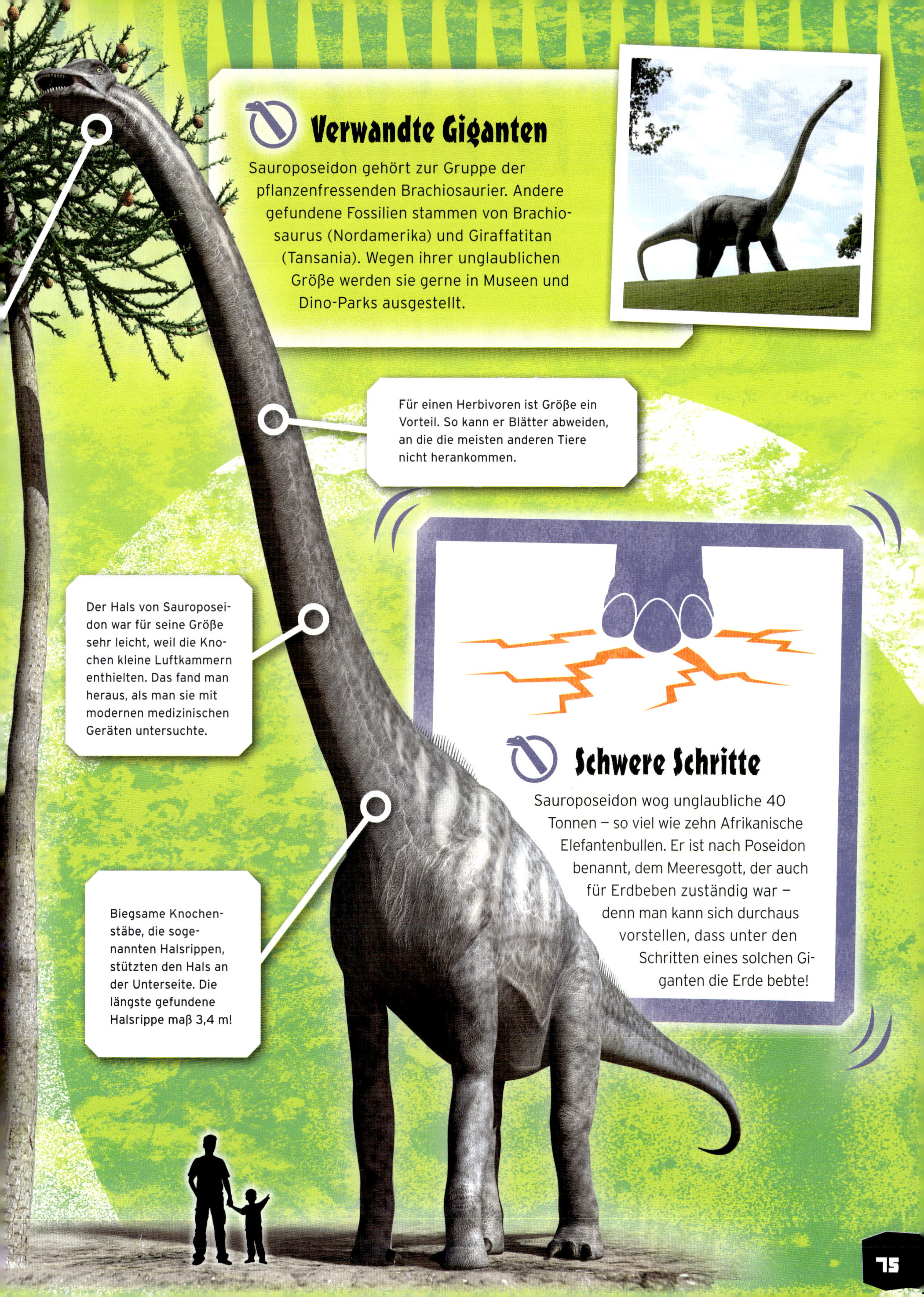

Verwandte Giganten

Sauroposeidon gehört zur Gruppe der pflanzenfressenden Brachiosaurier. Andere gefundene Fossilien stammen von Brachiosaurus (Nordamerika) und Giraffatitan (Tansania). Wegen ihrer unglaublichen Größe werden sie gerne in Museen und Dino-Parks ausgestellt.

Für einen Herbivoren ist Größe ein Vorteil. So kann er Blätter abweiden, an die die meisten anderen Tiere nicht herankommen.

Der Hals von Sauroposeidon war für seine Größe sehr leicht, weil die Knochen kleine Luftkammern enthielten. Das fand man heraus, als man sie mit modernen medizinischen Geräten untersuchte.

Schwere Schritte

Sauroposeidon wog unglaubliche 40 Tonnen – so viel wie zehn Afrikanische Elefantenbullen. Er ist nach Poseidon benannt, dem Meeresgott, der auch für Erdbeben zuständig war – denn man kann sich durchaus vorstellen, dass unter den Schritten eines solchen Giganten die Erde bebte!

Biegsame Knochenstäbe, die sogenannten Halsrippen, stützten den Hals an der Unterseite. Die längste gefundene Halsrippe maß 3,4 m!

Struppigster Dinosaurier

Psittacosaurus

Eine Art der kleinen, papageienköpfigen Gattung Psittacosaurus hatte auf der Oberseite des Schwanzes lange, federartige Borsten. Damit verdient er sich den Titel des struppigsten Dinosauriers, der je gefunden wurde.

Die Fachleute rätseln übrigens immer noch, wozu diese Borsten eigentlich dienten.

Eine borstige Frage

Die Gattung Psittacosaurus ist gut beschrieben, denn von ihr hat man schon Hunderte von verschiedenen Arten gefunden. Aber nur eine bisher entdeckte Art hatte Schwanzborsten. Es ist möglich, dass auch viele verwandte Arten Borsten am Schwanz hatten, vielleicht sogar die großen gehörnten Dinosaurier wie Triceratops.

Nur der Schwanz?

Offenbar hatten einige Vertreter der Gattung Psittacosaurus Borsten am Schwanz, aber hatten sie auch welche am Körper? Die bisher gefundenen Reste von Psittacosaurus-Haut waren immer schuppig und nicht borstig. Allerdings hatten auch einige andere kleine pflanzenfressende Dinosaurier Borsten, wie etwa Tianyulong aus China: Bei ihm war zumindest der Schwanz borstig und vielleicht auch der restliche Körper.

Psittacosaurus

Zeitraum:	vor 115–105 Mio. Jahren
Fundorte:	Mongolei
Größe:	ca. 1 m lang
Gewicht:	6 kg
Ernährung:	herbivor
Geschwindigkeit:	ca. 40 km/h
Gefährlichkeit:	niedrig

Die Borsten waren bis zu 16 cm lang und im Querschnitt rund. Insgesamt waren es etwa hundert.

Vielleicht waren die Borsten bunt gefärbt und dienten der Verständigung mit Artgenossen.

Tarnung

Manche heute lebende Tiere, wie etwa der Fetzenfisch (rechts), haben weiche, federartige Auswüchse am Körper, mit denen sie sich hervorragend zwischen Pflanzen verstecken können. Vielleicht benutzte Psittacosaurus seine Borsten auf ähnliche Weise, wenn er sich im Schilf oder im Gesträuch verbarg. Als Schutz können sie ihm kaum gedient haben – dazu waren sie zu weich und zu biegsam.

Längste Hörner

Coahuilaceratops

Coahuilaceratops war ein gehörnter Pflanzenfresser mit einem kleinen Nasenhorn und zwei riesigen Hörnern auf der Stirn – vielleicht die größten aller Zeiten!

Jedes der Hörner war mit rund einem Meter fast so lang wie ein Besenstiel, was diesem Herbivoren sicherlich ein furchterregendes Aussehen verlieh.

Coahuilaceratops

Zeitraum:	vor 72–70 Mio. Jahren
Fundorte:	Mexiko
Größe:	7 m lang
Gewicht:	ca. 5 t
Ernährung:	herbivor
Geschwindigkeit:	ca. 30 km/h
Gefährlichkeit:	mittel

Der Rand des Nackenschilds war meist mit dreieckigen Knochenvorsprüngen verziert.

Kopf an Kopf

Wahrscheinlich benutzten Coahuilaceratops und seine Verwandten ihre Hörner als Waffen im Kampf mit Artgenossen und auch zur Abwehr von Fressfeinden. Manche Fossilien von Horndinosauriern weisen verheilte Wunden an Schädel und Nackenschild auf. Diese wurden ihnen wahrscheinlich von den Hörnern ihrer Rivalen im Kampf um Paarungspartner beigebracht.

Solche riesigen Hörner waren sicherlich nützlich, um Feinde abzuwehren, allerdings nur, wenn diese von vorn kamen. Der Rumpf von Coahuilaceratops war ungeschützt, deshalb versuchten die Räuber vielleicht, ihn von hinten anzugreifen.

Horngesichter

Coahuilaceratops gehört zu den Chasmosaurinae, zu denen auch der bekannte Triceratops gerechnet wird. Die meisten hatten kurze Nasenhörner, lange Stirnhörner und einen großen Nackenschild, doch Coahuilaceratops hatte die längsten und dicksten Stirnhörner von allen.

Oft findet man mehrere Skelette von gehörnten Dinosauriern auf einmal, was darauf hindeutet, dass sie Herdentiere waren.

Horn auf Horn

Die Hörner von Coahuilaceratops ähnelten denen eines heutigen Büffels, wuchsen aber nach vorne und nicht seitlich aus dem Kopf. Jedes Horn war am Ansatz hohl, bestand aber zum größten Teil aus massivem Knochen. Beim lebenden Tier war der Knochen mit Horngewebe überzogen, was das Horn insgesamt länger und biegsamer machte und es vor Beschädigung schützte.

Gescheitester Dinosaurier

Troodon

Der wendige, vogelartige Raubsaurier Troodon kann sich mit dem Titel »intelligentester Dinosaurier« schmücken.

Sein Gehirn hatte in etwa die Größe einer Satsuma, ähnlich wie das eines Straußes. Das ist für heute lebende Tiere eher klein – für Dinosaurier aber auf jeden Fall ziemlich groß.

Hirnschmalz

Große Gehirne sind in der Tierwelt selten, weil sie sehr viel Energie benötigen. Ein Hauptvorteil ist, dass Tiere mit großem Gehirn sich besser mit ihren Artgenossen verständigen und sich Merkmale ihrer Umgebung besser einprägen können. Im Verhältnis zu seiner Körpergröße hatte Troodon das größte Gehirn von allen Dinosauriern.

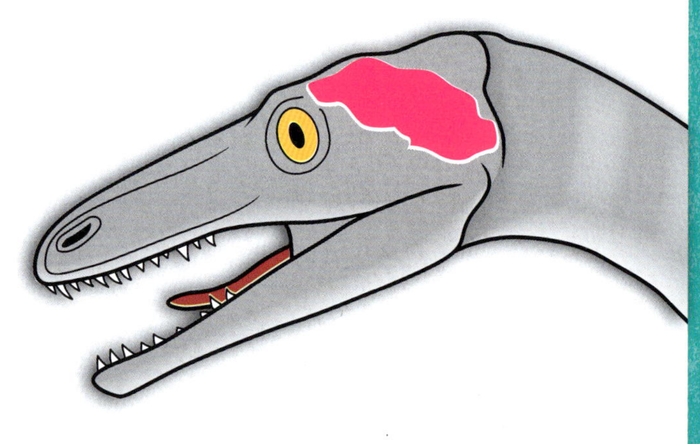

Das Gehirn eines Dinosauriers nimmt normalerweise einen relativ kleinen Raum im oberen, hinteren Teil des Schädels ein. Im Gegensatz dazu füllt das menschliche Gehirn den Schädel zu einem großen Teil aus.

Troodon war ungefähr so groß wie ein Mensch. Er war wahrscheinlich ein gewandter und geschickter Jäger. Auf seinem Speiseplan könnten kleine Tiere und Insekten, aber auch Eier und Früchte gestanden haben.

Wie andere vogelähnliche Dinosaurier war Troodon gewandt und schnell und hatte einen guten Gleichgewichtssinn. All dies verdankte er seinem großen Gehirn.

Troodon

Zeitraum:	vor 70 – 65 Mio. Jahren
Fundorte:	USA, Kanada
Größe:	bis 2,5 m lang
Gewicht:	35 kg
Ernährung:	omnivor
Geschwindigkeit:	bis 50 km/h
Gefährlichkeit:	mittel

Auge und Ohr

Scharfe Sinne sind für einen Beutegreifer sehr wichtig. Ein großer Teil von Troodons Intelligenzleistung entfiel auf die Sinne, insbesondere Sehen und Hören. Das dürfte ihn zu einem sehr erfolgreichen Jäger gemacht haben.

Wie schlau genau?

Troodon hatte zwar das größte Dinosaurier-Gehirn, doch im Vergleich mit heute lebenden Tieren war es klein. Manche heutige Vögel haben ein weit größeres Gehirn als Troodon und sind auch viel intelligenter, besonders Papageien und Rabenvögel. Was das Verhältnis von Gehirn- zu Körpergröße betrifft, stehen sie auf einer Stufe mit Affen. Dagegen war Troodon etwa so schlau wie ein Huhn oder ein Strauß.

Längste Stacheln

Loricatosaurus

Furchterregende Stacheln von mehr als einem Meter Länge sprossen aus dem Schwanz von Loricatosaurus.

Kein anderes Tier hatte je so lange Stacheln. Wahrscheinlich benutzte Loricatosaurus sie, um sich gegen Feinde zu wehren und Paarungspartner zu beeindrucken.

Stachliges Rätsel

Beim lebenden Loricatosaurus waren die Stacheln sogar noch länger als bei den gefundenen Fossilien – vielleicht sogar doppelt so lang. Der Grund ist, dass sie wie bei heutigen Schafen (unten) nicht nur aus Knochen bestanden, sondern von einer ledrigen Hornschicht überzogen waren. Diese Hülle wuchs ständig weiter, aber da keine Reste davon erhalten sind, wissen wir nicht, wie lang sie wurde.

Wir wissen nicht genau, wie die Stacheln auf dem Körper von Loricatosaurus verteilt waren. Sie könnten auch an den Schultern oder am Becken gesessen haben.

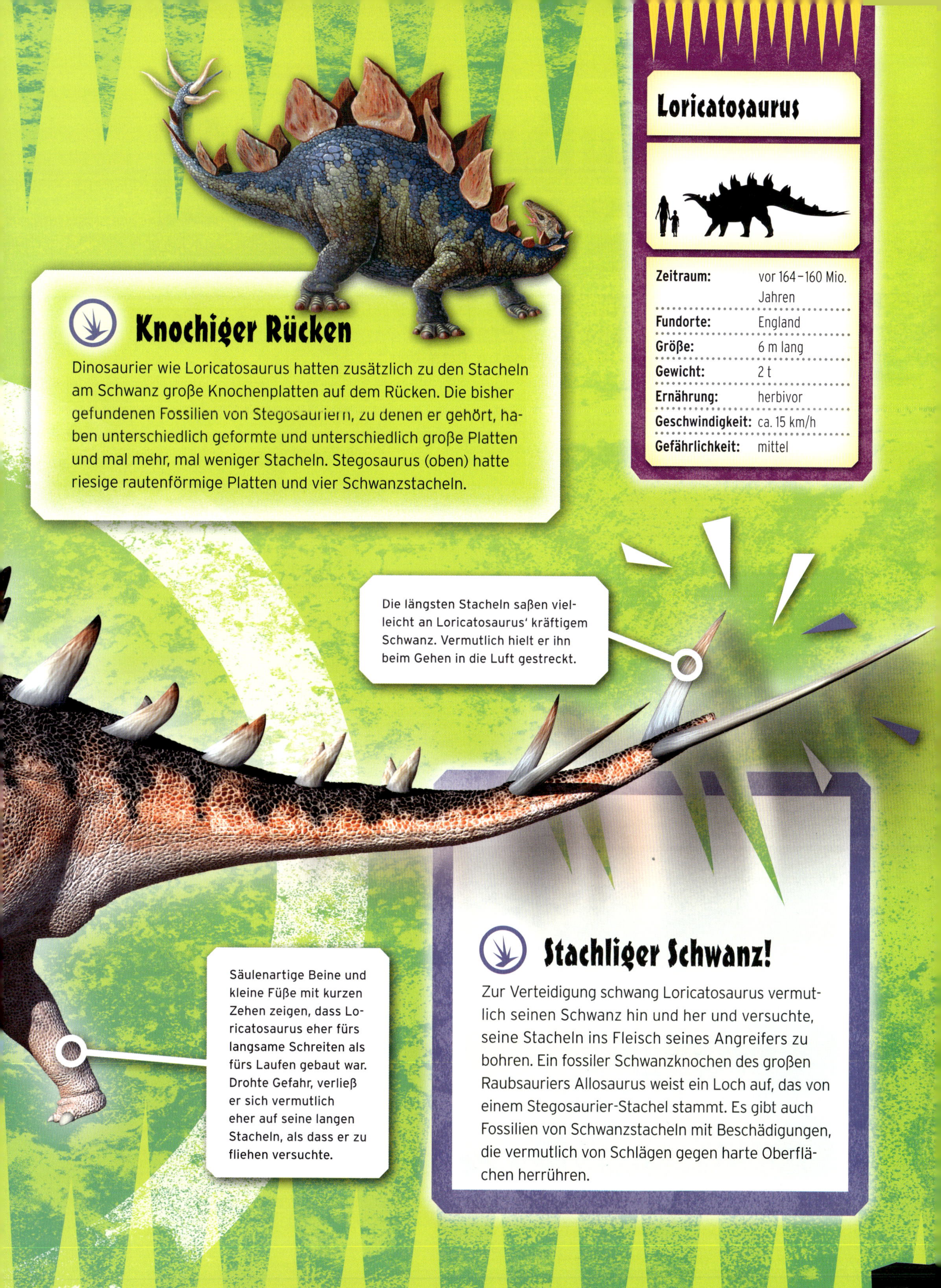

Loricatosaurus

Zeitraum:	vor 164–160 Mio. Jahren
Fundorte:	England
Größe:	6 m lang
Gewicht:	2 t
Ernährung:	herbivor
Geschwindigkeit:	ca. 15 km/h
Gefährlichkeit:	mittel

Knochiger Rücken

Dinosaurier wie Loricatosaurus hatten zusätzlich zu den Stacheln am Schwanz große Knochenplatten auf dem Rücken. Die bisher gefundenen Fossilien von Stegosauriern, zu denen er gehört, haben unterschiedlich geformte und unterschiedlich große Platten und mal mehr, mal weniger Stacheln. Stegosaurus (oben) hatte riesige rautenförmige Platten und vier Schwanzstacheln.

Stachliger Schwanz!

Zur Verteidigung schwang Loricatosaurus vermutlich seinen Schwanz hin und her und versuchte, seine Stacheln ins Fleisch seines Angreifers zu bohren. Ein fossiler Schwanzknochen des großen Raubsauriers Allosaurus weist ein Loch auf, das von einem Stegosaurier-Stachel stammt. Es gibt auch Fossilien von Schwanzstacheln mit Beschädigungen, die vermutlich von Schlägen gegen harte Oberflächen herrühren.

Spektakulärster Fund

Das eindrucksvollste Zeugnis der Kämpfe zwischen pflanzenfressenden und fleischfressenden Dinosauriern sind die Skelette eines Velociraptors und eines Protoceratops, die ineinander verschlungen und verbissen den Tod fanden.

Die »kämpfenden Dinosaurier« wurden 1971 in der Mongolei gefunden und gehören zu den erstaunlichsten Funden in der Geschichte der Dinosaurierforschung.

Der Protoceratops steht über dem Velociraptor und scheint sich von diesem losreißen zu wollen, während er den Raubsaurier mit seinem Schnabel in den Arm beißt.

Tödlicher Kampf

Sind die beiden Kontrahenten zur gleichen Zeit ihren Verletzungen erlegen, sodass sie einander noch im Tod umklammert hielten? Vielleicht wurden sie während des Kampfes von einer Sanddüne verschüttet oder sie erstickten in einem heftigen Sandsturm.

Velociraptor

Zeitraum:	vor 75–71 Mio. Jahren
Fundorte:	Mongolei, China
Größe:	2,5 m lang
Gewicht:	25 kg
Ernährung:	karnivor
Geschwindigkeit:	ca. 25 km/h
Gefährlichkeit:	hoch

Das Fossil der »kämpfenden Dinosaurier« hilft uns zu verstehen, wie Velociraptor die großen sichelförmigen Krallen an seinen Füßen eingesetzt haben könnte. Sein linker Fuß liegt am Hals des Protoceratops, und die Kralle an diesem Fuß ist angehoben, als wollte er sie in die Halsadern seines Gegners bohren. Vielleicht wurden die Sichelkrallen tatsächlich als Stichwaffen eingesetzt.
Protoceratops
Zeitraum: vor 75–71 Mio. Jahren
Fundorte: Mongolei, China
Größe: 2,5 m lang
Gewicht: 175 kg
Ernährung: herbivor
Geschwindigkeit: ca. 25 km/h
Gefährlichkeit: mittel
Protoceratops hatte einen knochigen Nackenschild und einen scharfen »Papageienschnabel«, den er zur Verteidigung einsetzen konnte.
Velociraptor hatte einen schmalen, zierlichen Vogelkopf. Er konnte zwar auch empfindlich zubeißen, doch die Zähne waren nicht seine Hauptwaffe.
Velociraptor liegt auf der Seite und hält Protoceratops mit den Händen gepackt, während er mit den Füßen nach ihm tritt. War dies seine normale Jagdmethode oder war hier etwas schiefgelaufen?

Längster Hals

Omeisaurus

Omeisaurus hält den Rekord für den längsten Hals von allen Dinosauriern im Vergleich zur Körpergröße.

Der Hals einer heutigen Giraffe ist ungefähr doppelt so lang wie ihr Körper. Bei Omeisaurus dagegen war der Hals mit 8,5 m viermal so lang wie der Körper!

Jede Menge Knochen

Warum hatte Omeisaurus so einen langen Hals? Die Antwort gibt das Skelett. Wir Menschen haben im Hals sieben Knochen, die Halswirbel. Die meisten frühen Dinosaurier hatten neun Halswirbel, doch bei Omeisaurus waren es nicht weniger als 17, und die waren auch noch sehr lang. Die zusätzlichen Halswirbel gehörten bei anderen Dinosauriern zum Rücken, sodass Omeisaurus zusätzlich einen kürzeren Rücken hatte als diese.

Omeisaurus' Hals war im Vergleich zum Körper so lang, dass man sich fragt, wie er es schaffte, nicht vornüberzukippen.

Omeisaurus hatte an der Schwanzspitze eine große Knochenkeule. Damit könnte er auf angreifende Räuber eingeschlagen haben.

Über den langen, dünnen Hals muss der Saurier viel Wärme verloren haben. Auch bot er damit großen Räubern viel Angriffsfläche.

Ein langer Hals ist prima, wenn man hoch hinaufreichen oder nach Feinden Ausschau halten will, doch beim Schlucken oder der Blutversorgung des Gehirns kann es Probleme geben. Noch wissen wir nicht, wie Omeisaurus sie gelöst hat.

Giraffentrick

Genau wie heute lebende Giraffen benutzte Omeisaurus seinen biegsamen Hals, um das Laub von hohen Bäumen abzuweiden. Er konnte den Hals aber auch weit zur Seite strecken und zum Boden senken. Dadurch kam er an viele verschiedene Pflanzen heran, ohne sich von der Stelle zu bewegen.

Liga der langen Hälse

Omeisaurus hält den Rekord für den längsten Hals im Vergleich zur Körpergröße, aber andere Dinosaurier hatten noch längere Hälse:

1 ➡ Supersaurus ➡ 16 m lang

2 ➡ Mamenchisaurus ➡ 12 m lang

3 ➡ Sauroposeidon ➡ mindestens 11,5 m lang

4 ➡ Omeisaurus ➡ 8,5 m lang

Omeisaurus

Zeitraum:	vor 164–160 Mio. Jahren
Fundorte:	China
Größe:	18 m lang
Gewicht:	8,5 t
Ernährung:	herbivor
Geschwindigkeit:	ca. 15 km/h
Gefährlichkeit:	niedrig

Größtes flugfähiges Tier aller Zeiten!

Quetzalcoatlus

Der riesige Pterosaurier Quetzalcoatlus hält nicht nur den Rekord als größtes Flugreptil, sondern auch als größtes flugfähiges Tier überhaupt.

Seine Flügelspannweite betrug 11 m – ungefähr die Breite der Tragflächen eines Spitfire-Kampfflugzeugs. Dabei war Quetzalcoatlus für seine Größe extrem leicht: Er wog nur so viel wie drei bis vier erwachsene Menschen.

Kolossale Spannweiten

Vor der Entdeckung des Quetzalcoatlus galt Pteranodon mit einer Flügelspannweite von bis zu 7 m als größtes flugfähiges Tier aller Zeiten. Der größte flugfähige Vogel unserer Zeit ist der Wanderalbatros, dessen Flügelspannweite bis zu 3,5 m betragen kann.

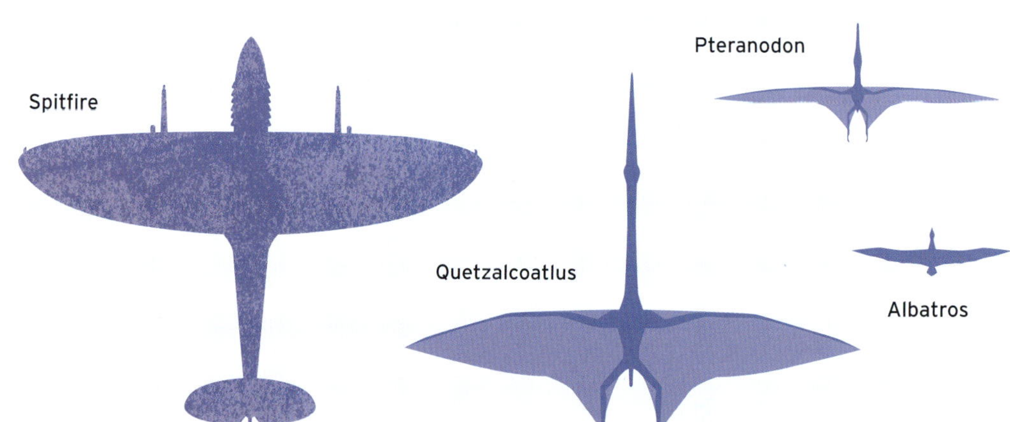

Quetzalcoatlus

Zeitraum:	vor 70–65 Mio. Jahren
Fundorte:	USA, Kanada
Größe:	11 m Flügelspannweite
Gewicht:	250 kg
Ernährung:	omnivor
Geschwindigkeit:	ca. 35 km/h
Gefährlichkeit:	hoch

Auf breiten Schwingen

Quetzalcoatlus hatte breite Flügel, die in der Form denen unserer heutigen Störche glichen. Diese Vögel legen große Entfernungen im Gleitflug zurück und können sich geschickt zwischen Bäumen bewegen. Die Ähnlichkeit in der Flügelform lässt vermuten, dass auch Quetzalcoatlus über Wäldern und Ebenen jagte.

Quetzalcoatlus hatte von allen Pterosauriern den längsten Hals (ca. 3 m) und den längsten Kopf (ca. 2,5 m).

Die Flügelknochen und -muskeln mussten enorm kräftig sein, um einen so großen Schädelkamm zu tragen.

Die Flügelflächen wurden von festen Hautsegeln gebildet. Dank steifer Fasern im Innern behielten sie ihre Form und konnten zusammengefaltet werden, wenn sie nicht gebraucht wurden.

Der größte Teil eines Pterosaurier-Flügels wurde von einem stark vergrößerten vierten Finger gestützt. Dieser bestand aus vier schlanken, röhrenförmigen Knochen.

Immer startbereit

Quetzalcoatlus konnte seine Flügel zusammenfalten und auf allen vieren laufen. Bei Gefahr schwang er sich rasch in die Luft. Am Boden war er etwa so groß wie eine Giraffe – und mit seinem langen, schlanken Hals und den dünnen Beinen wirkte er wohl auch wie eine Art geflügelte Giraffe.

Südlichster Dinosaurier

Cryolophosaurus

Die fossilen Überreste von Cryolophosaurus wurden in der gefrorenen Erde des Mount Kirkpatrick gefunden, nur 650 km vom Südpol entfernt. Damit ist er der südlichste Dinosaurier, den wir kennen.

Es handelte sich um einen mittelgroßen, zweibeinigen Raubsaurier mit einem merkwürdig geformten Knochenkamm am Kopf. Der Name bedeutet »gefrorene Kammechse«.

Milde Antarktis

Zu Lebzeiten von Cryolophosaurus lag die Antarktis weiter nördlich als heute (oben rechts). Auch war es insgesamt wärmer als heute, es gab keine Eisdecke und keinen Dauerfrost. Fossilien belegen, dass der Kontinent Antarktika damals bewaldet (oben links) und von vielen verschiedenen Dinosauriern und anderen Tieren bewohnt war. Im Winter mussten sie zwar niedrigere Temperaturen aushalten, aber keinen Frost.

Cryolophosaurus

Zeitraum:	vor 189–183 Mio. Jahren
Fundorte:	Antarktika
Größe:	6 m lang
Gewicht:	350 kg
Ernährung:	karnivor
Geschwindigkeit:	ca. 25 km/h
Gefährlichkeit:	hoch

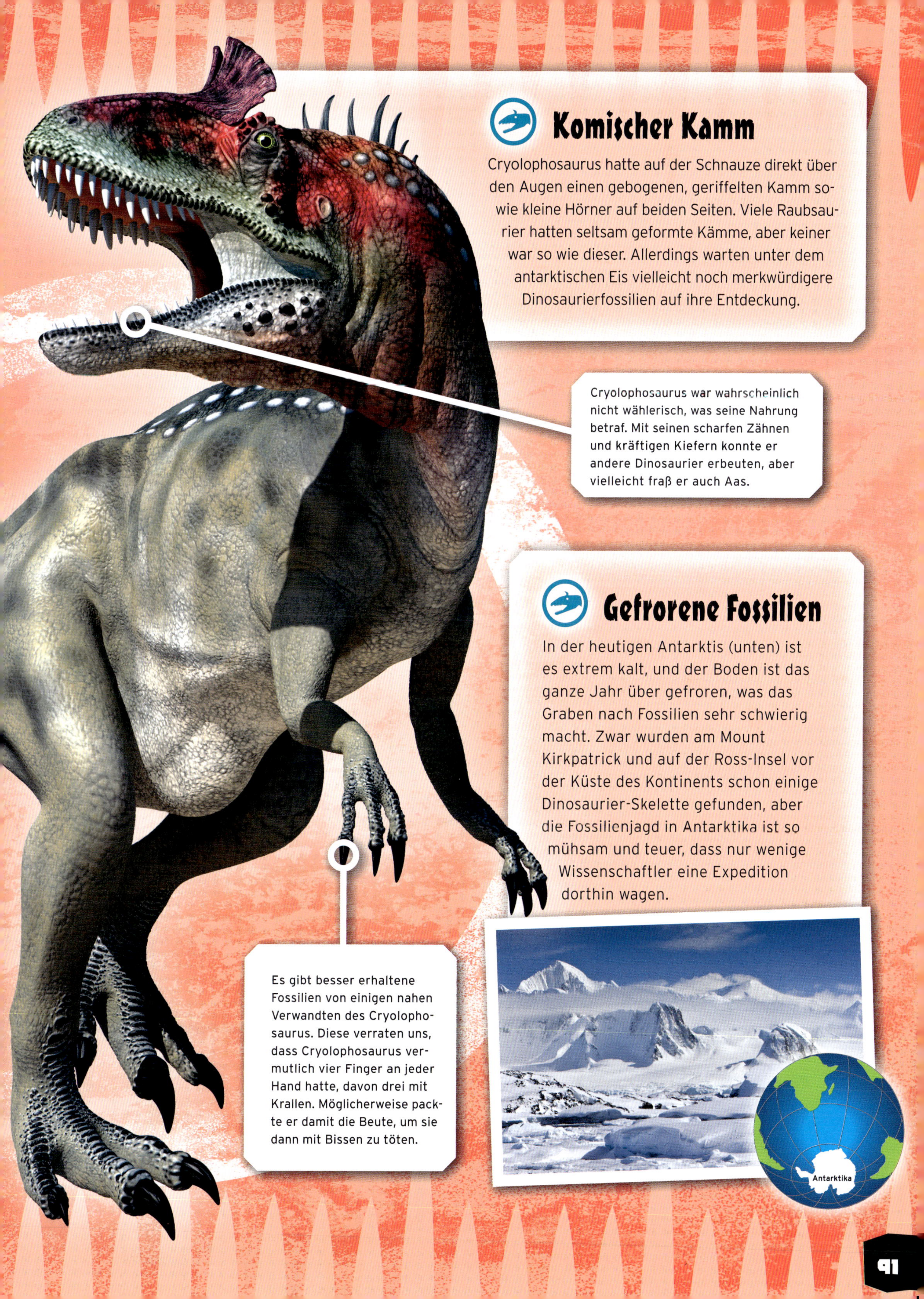

Komischer Kamm

Cryolophosaurus hatte auf der Schnauze direkt über den Augen einen gebogenen, geriffelten Kamm sowie kleine Hörner auf beiden Seiten. Viele Raubsaurier hatten seltsam geformte Kämme, aber keiner war so wie dieser. Allerdings warten unter dem antarktischen Eis vielleicht noch merkwürdigere Dinosaurierfossilien auf ihre Entdeckung.

Cryolophosaurus war wahrscheinlich nicht wählerisch, was seine Nahrung betraf. Mit seinen scharfen Zähnen und kräftigen Kiefern konnte er andere Dinosaurier erbeuten, aber vielleicht fraß er auch Aas.

Gefrorene Fossilien

In der heutigen Antarktis (unten) ist es extrem kalt, und der Boden ist das ganze Jahr über gefroren, was das Graben nach Fossilien sehr schwierig macht. Zwar wurden am Mount Kirkpatrick und auf der Ross-Insel vor der Küste des Kontinents schon einige Dinosaurier-Skelette gefunden, aber die Fossilienjagd in Antarktika ist so mühsam und teuer, dass nur wenige Wissenschaftler eine Expedition dorthin wagen.

Es gibt besser erhaltene Fossilien von einigen nahen Verwandten des Cryolophosaurus. Diese verraten uns, dass Cryolophosaurus vermutlich vier Finger an jeder Hand hatte, davon drei mit Krallen. Möglicherweise packte er damit die Beute, um sie dann mit Bissen zu töten.

Der Wählerischste

Shuvuuia

Der »wählerischste« Dinosaurier von allen war ein Insektenfresser namens Shuvuuia.

Sein schmaler Schädel, die winzigen Zähne, die kurzen, muskulösen Vordergliedmaßen und die großen Daumenkrallen weisen alle darauf hin, dass Shuvuuia auf der Suche nach Nahrung in morschem Holz und Insektennestern stocherte. Diese Spezialisierung ist für einen Dinosaurier sehr ungewöhnlich – die meisten waren Pflanzenfresser oder Beutegreifer.

Shuvuuia hatte lange, dünne Beine. Wahrscheinlich musste er schnell laufen, um sich vor hungrigen Räubern in Sicherheit zu bringen.

Schlaue Klaue

Shuvuuia hatte kräftige Arme mit walzenförmigen Händen und riesigen Daumenkrallen (oben). Ähnlich sehen die Vordergliedmaßen auch bei heutigen Tieren aus, die Insektennester plündern, etwa Gürteltiere und Schuppentiere. Shuvuuia benutzte seine Daumenkralle wahrscheinlich wie eine Spitzhacke: Zuerst stieß er sie in das Nest oder den Baumstamm, dann zog er sie mit einem Ruck zurück, um die »Speisekammer« zu knacken.

Shuvuuia

Zeitraum:	vor 84–74 Mio. Jahren
Fundorte:	Mongolei
Größe:	1 m lang
Gewicht:	3,5 kg
Ernährung:	Insektenfresser
Geschwindigkeit:	ca. 50 km/h
Gefährlichkeit:	harmlos

Schnelle Zunge

Shuvuuia hatte eine schmale Schnauze und schwache Kiefermuskeln. Seine Zähne waren winzig und stiftförmig, und vorne im Maul fehlten sie völlig. Dadurch konnte er vielleicht seine Zunge blitzartig hervorschnellen lassen, um Insekten zu fangen, ähnlich wie der heutige Große Ameisenbär.

Termiten-Terminator

Ameisen und Termiten gab es schon zur Zeit der Dinosaurier. Es ist daher nicht verwunderlich, dass sich auch Dinosaurier entwickelten, die Insektennester plünderten. Da Termiten damals die häufigsten nestbauenden Insekten waren, fraß Shuvuuia vermutlich mehr Termiten als Ameisen.

Die meisten Zähne

Edmontosaurus

Der Hadrosaurier Edmontosaurus hatte über 1000 rautenförmige Zähne und damit mehr als jeder andere Dinosaurier. Sie waren in Blocks angeordnet (»Zahnbatterien«) und dienten dem Zerkleinern von Pflanzen. Es wurden immer nur die Zähne am äußersten Rand jener Batterie benutzt. Waren diese abgenutzt, wurden sie durch neue ersetzt.

Entenschnabel mit Zähnen

Edmontosaurus hatte einen breiten »Entenschnabel« zum Rupfen von Pflanzen. Edmontosaurus biss wahrscheinlich Stücke von zähen Pflanzen ab, etwa Blätter, Zweige von Nadelbäumen oder Farn (unten), und stopfte sie in seine Backentaschen. Dann zermahlte er sie mit seinen Zahnbatterien, um sie besser verdauen zu können.

Mahlende Kiefer

Edmontosaurus hatte in den Oberkieferknochen ein spezielles Gelenk. Dadurch konnte ein Teil des Schädels sich beim Kauen hin und her bewegen, während Blätter und Zweige zwischen den Zähnen zermahlen wurden. Diese Kautechnik war eine Spezialität der Hadrosaurier.

Edmontosaurus

Zeitraum:	vor 70 – 65 Mio. Jahren
Fundorte:	USA, Kanada
Größe:	9 m lang
Gewicht:	ca. 4 t
Ernährung:	herbivor
Geschwindigkeit:	bis 40 km/h
Gefährlichkeit:	niedrig

Die großen Augenhöhlen und die fossilen Gehörsteinchen deuten darauf hin, dass Edmontosaurus große Augen und ein feines Gehör hatte. Er musste beim Fressen immer auf der Hut vor seinem größten Feind sein: Tyrannosaurus rex.

Edmontosaurus könnte mit seinem schnabelförmigen Maul auch Pflanzen aus seichten Gewässern gerupft haben.

Die meisten prähistorischen Pflanzen waren schwer verdaulich und lieferten nur wenig Energie. Herbivoren mussten deshalb große Mengen verzehren, um zu überleben.

Beißschnabel

Über den Schnabel von Edmontosaurus wissen wir eine ganze Menge, denn bei einem Fund war er nicht wie sonst verrottet: Schnabel und Haut des Dinosauriers waren schon mumifiziert (vertrocknet), bevor die Versteinerung einsetzte. Der Schnabel bestand aus dem gleichen hornartigen Material wie die Schnäbel heutiger Schildkröten und Vögel.

Größtes Nest

Macroelongatoolithus

Das größte bisher gefundene Dinosaurier-Nest hatte einen Durchmesser von ca. 3 m und bestand aus 28 zylinderförmigen Eiern, von denen jedes ungefähr so lang war wie ein DIN-A4-Blatt (30 cm).

Der Name, den man diesen Eiern gegeben hat, ist fast genauso lang: Macroelongatoolithus (»große, lange, versteinerte Eier«). Es sind die längsten Dino-Eier, die je gefunden wurden, wenn auch nicht die größten (s. S. 56).

Groß, größer, am größten

Hier ein Größenvergleich des Dino-Nests mit den Nestern zweier heute lebender Tierarten:

Krokodilnest
➡ Durchmesser 1 m

Adlernest
➡ Durchmesser 2 m

Macroelongatoolithus
➡ Durchmesser 3 m

Die Eier in dem Riesennest wurden paarweise gelegt. Für ein solches Gelege von fast 30 Eiern muss das Muttertier viele Tage gebraucht haben.

Wer ist die Mama?

Die Frage, welches fossile Nest zu welchem Dinosaurier gehörte, ist sehr schwer zu beantworten. Das geht nur, wenn man in den Eiern ungeschlüpfte Jungtiere findet oder wenn die fossilen Überreste eines Elterntiers auf dem Nest liegen. Die Macroelongatoolithus-Eier wurden vermutlich von einem großen Dinosaurier aus der Gruppe der Oviraptosaurier gelegt, wahrscheinlich von dem 8 m langen Gigantoraptor.

Macroelongatoolithus

Zeitraum:	vor 90–70 Mio. Jahren
Fundorte:	China
Größe:	3 m im Durchmesser
Inhalt:	28 Eier
Größe der Eier:	30 cm lang
Gewicht der Eier:	je 5 kg
Form der Eier:	zylindrisch mit abgerundeten Enden

Rekord-Nest

Wie schneidet das riesige Macroelongatoolithus-Nest im Vergleich mit anderen Riesennestern ab? Manche heutige Vögel bauen sehr große Nester, die sie im Lauf der Jahre sogar noch erweitern. Das größte Nest von allen baut das australische Thermometerhuhn (unten). Es sammelt verrottende Pflanzenteile und baut daraus einen gewaltigen Bruthügel, der 4,5 m hoch werden und einen Durchmesser von fast 11 m haben kann – das ist fast der vierfache Durchmesser eines Macroelongatoolithus!

Wir wissen, dass kleine Dinosaurier auf ihren Nestern saßen, um sie zu bewachen und vielleicht auch, um die Eier warm zu halten. So machte es vielleicht auch der große Dinosaurier, der diese Eier gelegt hat.

Die Forscher sind sich nicht einig, ob Dinosaurier-Eier abgedeckt oder offen liegen gelassen wurden. Vielleicht haben die Weibchen sie zum Schutz mit Blättern oder Sand bedeckt.

Größter gepanzerter Dinosaurier

Ankylosaurus

Viele gepanzerte Dinosaurier waren groß, doch der mächtige Ankylosaurus stellte sie alle in den Schatten – ein Monstrum mit Keulenschwanz, das so viel wog wie ein großer Elefant.

Hals, Rumpf und Schwanz dieses Riesen waren fast ganz mit Knochenplatten bedeckt und der Schwanz mündete in einer keulenartigen Verdickung. Ankylosaurus war ein Zeitgenosse von gefährlichen Räubern wie Tyrannosaurus rex (s. S. 10 u. 58), vor denen ihn seine gewaltige Größe wahrscheinlich schützte.

Der riesige gehörnte Kopf war im hinteren Teil über 50 cm breit. Vielleicht hat ihn Ankylosaurus in Kämpfen mit Rivalen als Rammbock eingesetzt?

Groß ist praktisch

Die Größe war sicherlich ein Vorteil für diesen mächtigen »lebenden Panzer«. Wie ein heutiger Elefant war Ankylosaurus wohl stark und schwer genug, um einen Baum einfach umzuwerfen, an dessen Blätter und Früchte er nicht heranreichte. Mit seinem massigen Körper konnte er mühelos durchs Unterholz brechen, wobei ihn seine dicke Haut und die Panzerplatten vor Dornen und spitzen Pflanzenteilen schützten.

Ankylosaurus

Zeitraum:	vor 70–65 Mio. Jahren
Fundorte:	USA
Größe:	7 m lang
Gewicht:	ca. 6 t
Ernährung:	herbivor
Geschwindigkeit:	bis 25 km/h
Gefährlichkeit:	mittel

Top 5 der gepanzerten Dinosaurier

Hier die 5 am stärksten gepanzerten Dinosaurier aus der Kreidezeit:

1 ➡ **Ankylosaurus** Nordamerika
2 ➡ **Euoplocephalus** Nordamerika
3 ➡ **Saichania** Mongolei
4 ➡ **Tarchia** Mongolei
5 ➡ **Gastonia** Nordamerika

Hammerschwanz

Bislang wurde erst eine einzige Schwanzkeule von Ankylosaurus gefunden. Wir wissen also nicht, ob sie bei anderen Tieren vielleicht anders geformt war. Die eine, die gefunden wurde, ist lang und an den Enden abgeflacht – eine mächtige und wirkungsvolle Waffe.

Der Rumpf war breit und rundlich. Darin verbarg sich ein sehr langer Darm zum Verdauen von Pflanzennahrung. An der höchsten Stelle des Rückens war Ankylosaurus ca. 1,5 m hoch.

Die Schwanzkeule war etwa 60 cm lang und 30 cm breit – ungefähr so groß wie ein Papierkorb.

Kräftige Muskeln

Der Oberschenkelmuskel von Ankylosaurus war sechsmal so dick wie bei einem erwachsenen Menschen. Auch die Schwanzwurzel war sehr muskulös. Diese gewaltigen Muskeln verliehen Ankylosaurus eine enorme Kraft im Schwanz und in den Hinterbeinen, wenn er mit der Schwanzkeule ausschlug.

Die auffälligsten Federn

Microraptor

Frühe prähistorische Vögel wie Archaeopteryx (s. S. 28 u. 72) hatten Federn – wie auch erstaunlich viele andere Dinosaurier-Arten.

Die auffälligsten Federn von allen hatte ein sehr kleiner Dinosaurier namens Microraptor. Er hatte einen Schädelkamm, fächerförmige Federn am Schwanzende und enorm lange Arm- und Handfedern. Am erstaunlichsten ist aber, dass die Federn an seinen Beinen fast so lang waren wie die an den Armen.

Der Schwanz war mit kleinen Federn bedeckt. Nur am Ende waren sie länger und fächerartig gespreizt.

Doppeldecker

Die langen Bein- und Fußfedern von Microraptor sind einmalig, und auch heute findet man nichts Vergleichbares. Manche Experten glauben, dass Microraptor sie beim Fliegen oder Gleiten durch die Luft einsetzte – vielleicht so ähnlich wie ein Doppeldecker, mit parallel gehaltenen Arm- und Beinfedern.

Die zweiten Zehen trugen gebogene Krallen, die wahrscheinlich zum Töten von Beutetieren eingesetzt wurden.

Microraptor

Zeitraum:	vor 125–120 Mio. Jahren
Fundorte:	China
Größe:	70 cm lang
Gewicht:	600 g
Ernährung:	karnivor
Geschwindigkeit:	ca. 40 km/h
Gefährlichkeit:	harmlos

Fantastische Federn

Hier eine Liste der fünf Mini-Dinosaurier mit den auffälligsten Federn:

1 ➡ Microraptor
Lange Arm- und Beinfedern, Fächerschwanz und befiederter Kamm

2 ➡ Epidexipteryx
Riesige Schwanzfedern

3 ➡ Anchiornis
Buschiger Kamm, lange Arm- und Beinfedern

4 ➡ Sinornithosaurus
Eine größere Version von Microraptor, aber mit kürzeren Federn

5 ➡ Caudipteryx
Lange Handfedern und v-förmiger Schwanzfächer

Wir wissen nicht, welche Farbe die Federn von Microraptor hatten, aber vielleicht waren sie so bunt wie bei manchen heutigen Vögeln.

Die langen, dünnen Beine scheinen fürs schnelle Laufen wie geschaffen – aber Microraptor musste aufpassen, dass er nicht über seine Federn stolperte!

Befiederte Finger

Die Unterscheidung zwischen frühen Vögeln und vogelähnlichen Dinosauriern ist sehr schwierig. Bei Microraptor waren die Arm- und Handfedern unglaublich lang, sodass sie ein langes, schmales Flügelpaar bildeten. Genau wie bei heutigen Vögeln wuchsen die Federn aus den Fingern und den Armen.

Kleinstes Gehirn

Stegosaurus

Die meisten pflanzenfressenden Dinosaurier hatten ein sehr kleines Gehirn, doch bei dem schwer gepanzerten Stegosaurus war dieses Organ besonders winzig.

Das Gehirn eines erwachsenen Menschen ist rund 25-mal größer! Stegosaurus benutzte nur einen sehr kleinen Teil seines Gehirns zum Denken. Der größte Teil wurde fürs Riechen und die anderen Sinne verwendet. Die fürs Denken zuständige Region hatte dagegen nur die Größe einer Walnuss.

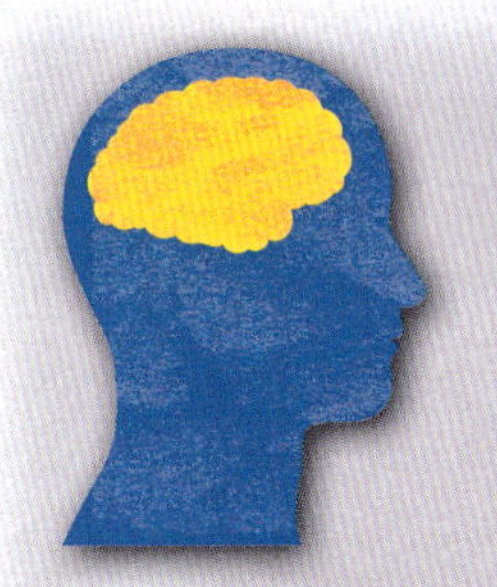

Dummer Dino?

Das kleine Gehirn deutet darauf hin, dass Stegosaurus überwiegend von Instinkten geleitet war und keine komplizierten Gedanken hatte. Aber das gilt auch für viele andere Tiere. Trotz des winzigen Gehirns war Stegosaurus keineswegs besonders dumm. Die meisten Tiere, wie etwa Insekten oder Fische, kommen mit ihrem kleinen Gehirn wunderbar zurecht.

Der fürs Riechen zuständige Teil des Gehirns war ziemlich groß. So konnte Stegosaurus besonders gut nahrhafte Pflanzen »erschnüffeln«.

Zwei Gehirne?

Früher dachte man, Stegosaurus hätte in einem Hohlraum seiner Wirbelsäule ein zweites Gehirn gehabt, das die hintere Hälfte seines Körpers steuerte. Tatsächlich findet man diese Hohlräume bei vielen großen Dinosauriern und auch bei heutigen Vögeln. Sie enthalten aber kein Gehirn, sondern ein Organ, das Glykogenkörper genannt wird.

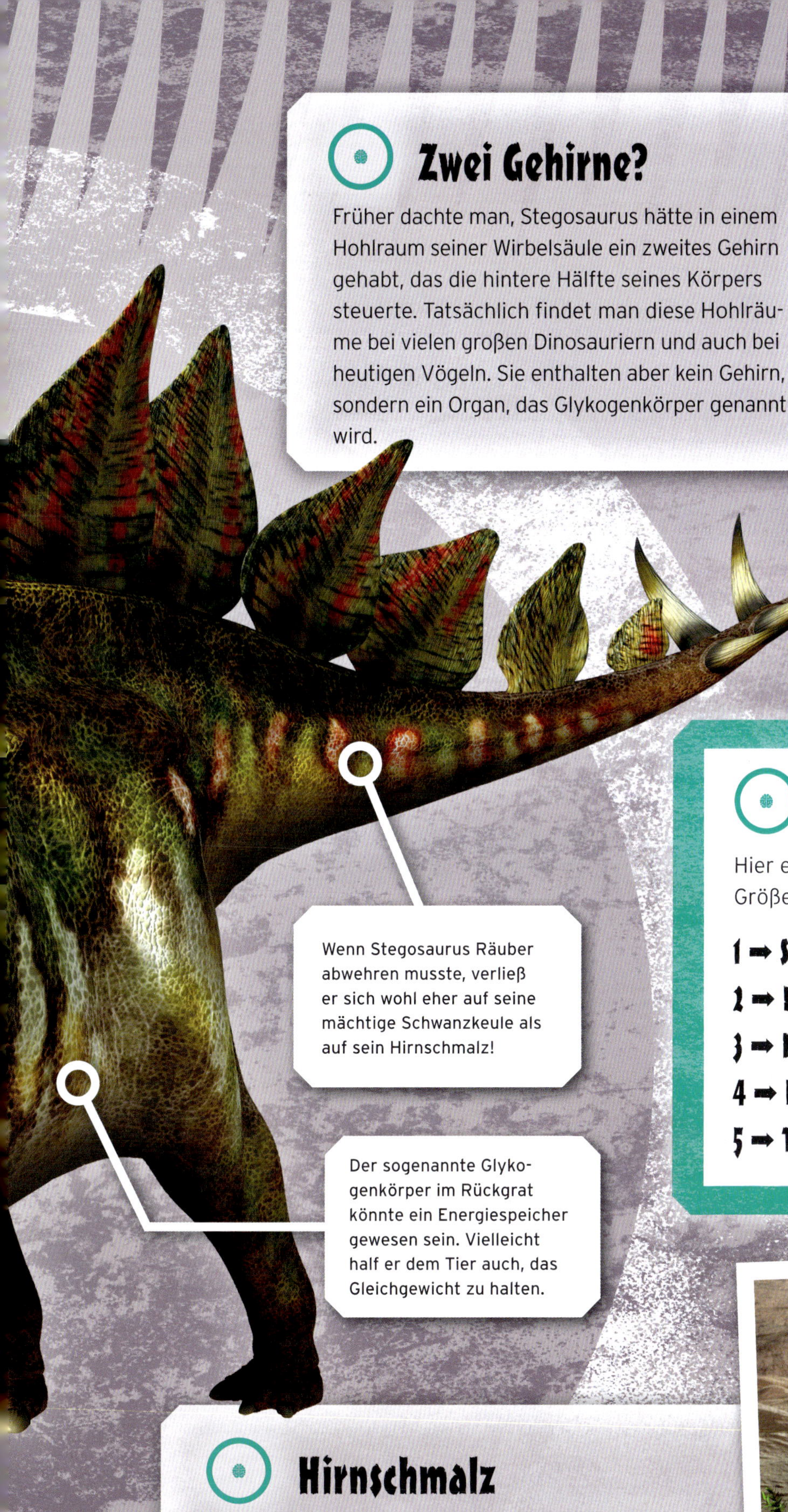

Wenn Stegosaurus Räuber abwehren musste, verließ er sich wohl eher auf seine mächtige Schwanzkeule als auf sein Hirnschmalz!

Der sogenannte Glykogenkörper im Rückgrat könnte ein Energiespeicher gewesen sein. Vielleicht half er dem Tier auch, das Gleichgewicht zu halten.

Stegosaurus

Zeitraum:	vor 155–145 Mio. Jahren
Fundorte:	USA, Portugal
Größe:	7 m lang
Gewicht:	3,5 t
Ernährung:	herbivor
Geschwindigkeit:	ca. 15 km/h
Gefährlichkeit:	mittel

Kleinste Gehirne

Hier eine Liste der 5 Dinosaurier, die für ihre Größe ein besonders kleines Gehirn hatten:

1 ➡ **Stegosaurus**
2 ➡ **Diplodocus**
3 ➡ **Kentrosaurus**
4 ➡ **Euplocephalus**
5 ➡ **Triceratops**

Hirnschmalz

Beutegreifer haben oft ein größeres Gehirn, da für die Jagd mehr Intelligenz nötig ist. Einfache Pflanzenfresser wie Stegosaurus (rechts) mussten nicht so intelligent sein wie ein geschickter Jäger, weshalb ihr Gehirn im Verhältnis zur Körpergröße meist kleiner war.

Die meisten Fossilienfunde

Psittacosaurus

Den kleinen Psittacosaurus mit seinem Papageienschnabel kennen wir durch viele Hunderte, vielleicht gar Tausende von Skelettfunden, unter denen winzige Babys, Jungtiere und ausgewachsene Exemplare sind.

Diese Fossilien liefern uns zahlreiche Hinweise auf die Lebensweise und das Aussehen von Psittacosaurus. Man kann durchaus behaupten, dass wir über ihn mehr wissen als über irgendeinen anderen Dinosaurier.

Manche Psittacosaurus-Fossilien sind so gut erhalten, dass noch Teile der Haut vorhanden sind. Ein ungewöhnliches Exemplar hatte sogar lange Borsten am Schwanz (s. S. 76).

Bei vielen Psittacosaurus-Fossilien finden sich große Mengen kleiner Steine im Magen. Diese halfen dem Dinosaurier vermutlich beim Zerkleinern zäher Pflanzennahrung.

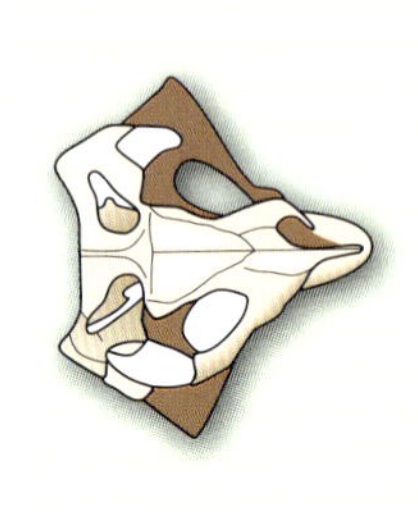
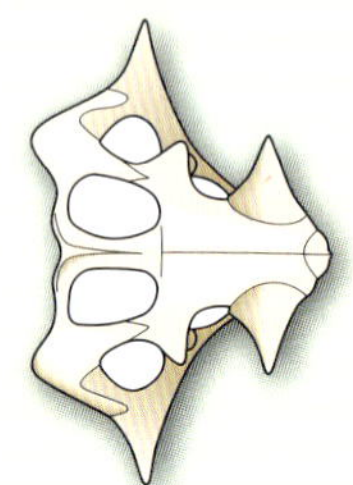
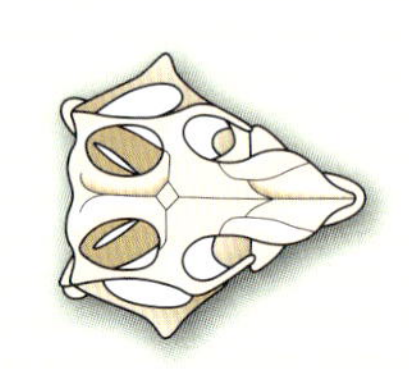

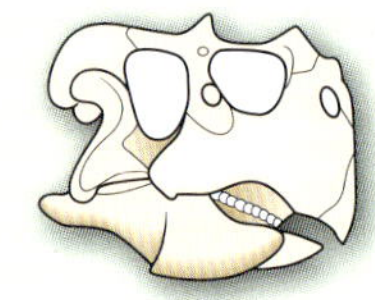
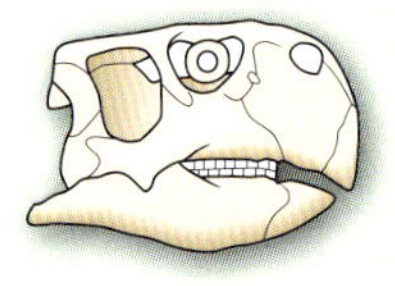

Erfolgsgeschichte

Von Psittacosaurus sind Fossilien in vielen verschiedenen Größen und Formen erhalten. Manche hatten riesige Wangenhörner, andere große Hörner auf der Nase. Die Funde erstrecken sich über ein sehr großes Gebiet und stammen aus Gesteinsschichten, die viele Millionen Jahre auseinanderliegen. Das alles weist darauf hin, dass es zahlreiche Psittacosaurus-Arten gab, die zum Teil so verschieden waren wie Löwen und Tiger.

Psittacosaurus

Zeitraum:	vor 115–105 Mio. Jahren
Fundorte:	Mongolei
Größe:	1 m lang
Gewicht:	ca. 6 kg
Ernährung:	herbivor
Geschwindigkeit:	bis 40 km/h
Gefährlichkeit:	niedrig

Grimmiger Blick

Wir wissen, wie Psittacosaurus aussah, weil so viele fossile Schädel erhalten sind. Er hatte einen gekrümmten, papageienähnlichen Schnabel (daher der Name, der »Papageienechse« bedeutet) und dreieckige Knochenstacheln, die aus den Wangen ragten. Kleine Knochenwülste über den Augen verliehen ihm wahrscheinlich einen »finsteren« Gesichtsausdruck.

Dino-Herden

Manchmal werden Fossilien mehrerer junger Psittacosaurier zusammen gefunden, woraus man schließen kann, dass sie in kleinen Herden lebten. Als Pflanzenfresser benutzten sie ihre scharfen, zahnlosen Schnäbel zum Abbeißen von Blättern und Zweigen oder zum Knacken harter Samenkörner. Sie waren vermutlich schnelle Läufer und gruben sich vielleicht Erdhöhlen als Unterschlupf.

Die Psittacosaurus-Fossilien zeigen, dass diese Tiere lange Klauen an den Füßen hatten. Das könnte heißen, dass sie gut im Graben waren oder sich viel auf weichem, sandigem Untergrund bewegten.

Größtes Meeresreptil

Shonisaurus

Shonisaurus, ein Ichthyosaurier (Fischsaurier) aus Nordamerika, konnte bis zu 21 m lang werden und war damit das größte Meeresreptil aller Zeiten.

Er war eines von mehreren urzeitlichen Meeresreptilien, die eine enorme Größe erreichten. Ähnlich wie die größten heute lebenden Wale war er kein mächtiger Jäger, sondern erbeutete vermutlich eher kleinere Tiere wie etwa Tintenfische.

Niemand weiß, welche Farbe die Ichthyosaurier hatten. Vielleicht war Shonisaurus grau oder bläulich wie heutige Wale, um gegenüber Beutegreifern gut getarnt zu sein.

Die langen, schmalen Flossen waren bis zu 3 m lang und bestanden aus vielen kleinen, würfelförmigen Fingerknochen.

Meeresgiganten

Weil das Wasser ihr Gewicht trägt, können die dort lebenden Tiere viel größer werden als Landtiere. Die meisten Shonisaurier wurden offenbar um die 20 m groß, aber man hat einzelne Knochen gefunden, die darauf hindeuten, dass manche noch größer wurden und vermutlich an einen mittelgroßen Blauwal heranreichten (ca. 26 m lang).

Shonisaurus

Zeitraum:	vor 216 – 203 Mio. Jahren
Fundorte:	USA, Kanada
Größe:	ca. 21 m lang
Gewicht:	20 t
Ernährung:	Fische, Tintenfische
Geschwindigkeit:	ca. 7 km/h
Gefährlichkeit:	mittel

Mini-Häppchen

Die enorme Größe von Shonisaurus hat manche Experten auf den Gedanken gebracht, dass er sich wie einige der heutigen Riesenwale von winzigen Organismen, dem Plankton, ernährt haben könnte. Diese Vermutung ist aber bisher nicht durch Fossilien belegt. Wale schlucken große Mengen Wasser mit Plankton darin. Dann stoßen sie das Wasser wieder aus, wobei das Plankton in den Barten hängen bleibt – das ist ein dichter Vorhang aus Hornplatten im Maul des Wals.

Alle Ichthyosaurier hatten sehr große Augen, die ihnen bei der Beutejagd im tiefen Wasser von Nutzen waren. Wir wissen nicht genau, wie groß die Augen von Shonisaurus waren, doch sie dürften einen Durchmesser von etwa 20 cm gehabt haben.

Giganten der Meere

1 ➡ **Blauwal** Größter Meeressäuger, 33 m
2 ➡ **Shonisaurus** Größtes Meeresreptil, bis 21 m
3 ➡ **Megalodon** Größter Fisch aller Zeiten, 20 m
4 ➡ **Walhai** Größter heute lebender Fisch, 13 m

Shonisaurus

Megalodon

Taucher (Mensch)

Blauwal

Walhai

Längste Schnauze

Spinosaurus

Im Gegensatz zu den meisten anderen großen Raubsauriern hatte der riesenhafte Spinosaurus eine lange, schmale, krokodilähnliche Schnauze – die längste von allen bekannten Dinosauriern.

Damit fing er wahrscheinlich Fische aus Flüssen und Seen. Experten haben errechnet, dass der größte je gefundene Spinosaurus-Schädel samt Schnauze wahrscheinlich über 1,7 m lang war – also so lang wie ein durchschnittlich großer Erwachsener!

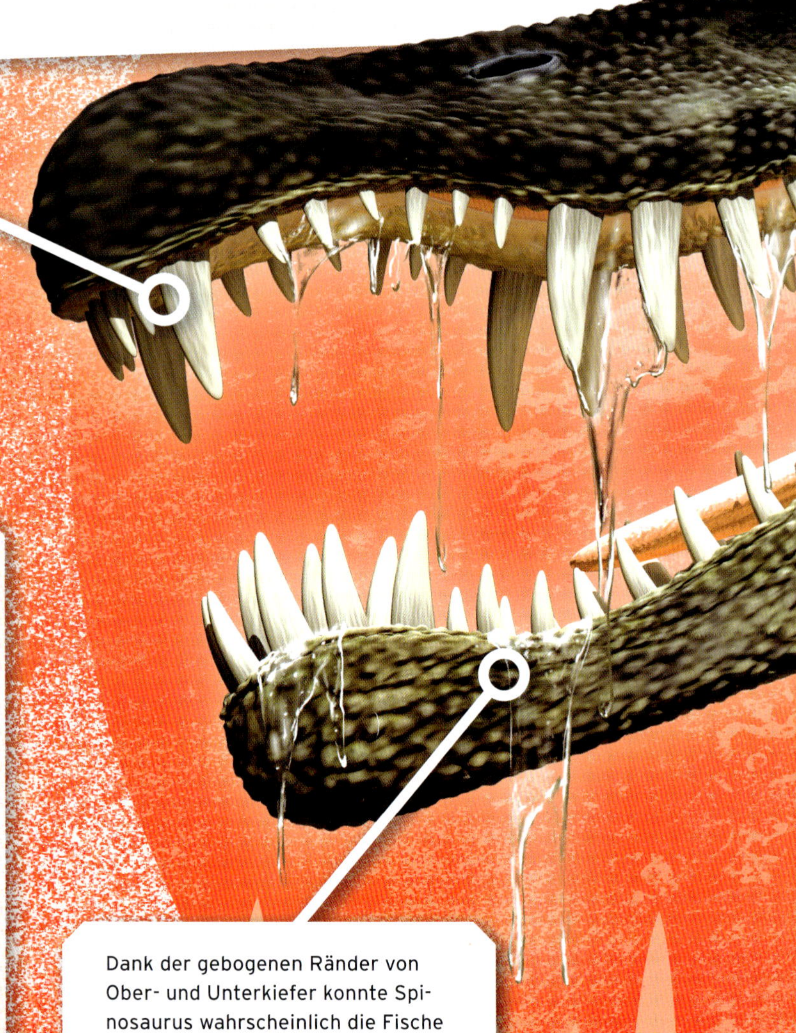

Die Zähne waren kegelförmig, groß und spitz – ideal zum Aufspießen von Fischen.

Dank der gebogenen Ränder von Ober- und Unterkiefer konnte Spinosaurus wahrscheinlich die Fische besser im Maul festhalten.

Große Klappe

Bei vielen Raubsauriern sind die Ränder von Ober- und Unterkiefer mehr oder weniger gerade. Bei Spinosaurus waren sie wellenförmig und lagen aufeinander wie beim heutigen Krokodil. Manche der Vorderzähne ragten schräg nach vorne.

Spinosaurus

Zeitraum:	vor 112–95 Mio. Jahren
Fundorte:	Nordafrika
Größe:	18 m lang
Gewicht:	10 t
Ernährung:	karnivor
Geschwindigkeit:	ca. 30 km/h
Gefährlichkeit:	hoch

Tauchtechnik

Die Nasenlöcher saßen bei Spinosaurus weiter oben und näher an den Augen als bei anderen Dinosauriern. Das könnte ihm das Atmen erleichtert haben, wenn er beim Fischefangen die Schnauzenspitze ins Wasser tauchte.

Schau mich an

Spinosaurus hatte einen Knochenkamm, der direkt vor den Augen aus der Schnauze ragte. Der Kamm scheint ziemlich zerbrechlich gewesen zu sein und wurde wahrscheinlich nicht beim Kämpfen eingesetzt. Vielleicht war er bunt gefärbt und sollte Paarungspartner beeindrucken.

Größtes Grab

Coelophysis

Normalerweise findet man nur einzelne Fossilien einer Tierart, manchmal aber auch sehr viele davon auf einmal.

Ein solches »Massengrab« entsteht, wenn viele Tiere gleichzeitig umkommen. Das größte je gefundene Dinosaurier-Massengrab bestand aus Hunderten von Skeletten des frühen Fleischfressers Coelophysis. Entdeckt wurde es im Jahr 1947 auf der Ghost Ranch in New Mexico (USA).

Die Entdeckung so vieler Coelophysis auf einmal lässt vermuten, dass die Tiere in Rudeln oder Familienverbänden lebten.

Die Opfer

Die gefundenen Skelette zeigten, dass Coelophysis ein schlanker Räuber mit langer, schmaler Schnauze und einer Einkerbung an der Spitze des Oberkiefers war. Die Form der Kiefer und Zähne lässt darauf schließen, dass Coelophysis kleine Reptilien, Fische und andere Tiere erbeutete, aber vielleicht auch Tiere, die genauso groß waren wie er selbst.

Die letzte Mahlzeit

Manche der Coelophysis-Skelette von der Ghost Ranch hatten die Knochen kleinerer Reptilien im Bauch. Deshalb nahm man zuerst an, diese Dinosaurier seien Kannibalen gewesen, die ihre eigenen Artgenossen fraßen. Heute jedoch wissen wir, dass es sich bei den verschlungenen Reptilien um frühe Verwandte der Krokodile handelt.

Rätselhafter Tod

Niemand weiß genau, warum sich so viele Dinosaurier an einem Ort versammelt hatten, bevor sie starben. Vielleicht waren sie von einer reichhaltigen Nahrungsquelle angelockt worden, etwa einem Schwarm laichender Fische, und starben an Giftgasen, die aus einem Vulkan ausströmten.

5 Erklärungen für rätselhaftes Massensterben

1 ➡ Vergiftung
durch Gase, die aus Vulkanen oder Seen ausströmten

2 ➡ Ersticken
in Vulkanasche

3 ➡ Ertrinken
beim Versuch, einen reißenden Fluss zu durchqueren

4 ➡ Ersticken
in einem Sandsturm

5 ➡ Verhungern
durch Steckenbleiben im Schlamm

Noch wurden keine Überreste der Haut von Coelophysis gefunden. Sie könnte mit Schuppen oder mit kurzen, haarähnlichen Federn bedeckt gewesen sein.

Manche der Ghost-Ranch-Fossilien waren größer und hatten dickere Knochen als die anderen. Niemand weiß genau, ob es sich dabei um die Männchen oder die Weibchen handelt.

Coelophysis

Zeitraum:	vor 216–203 Mio. Jahren
Fundorte:	USA
Größe:	3 m lang
Gewicht:	25 kg
Ernährung:	karnivor
Geschwindigkeit:	ca. 50 km/h
Gefährlichkeit:	mittel

Größter Hadrosaurier

Zhuchengosaurus

Die Sauropoden waren nicht die einzigen Riesen der prähistorischen Welt. Manche Vertreter der Hadrosaurier (auch »Entenschnabelsaurier« genannt) wurden ebenfalls enorm groß. Der größte war Zhuchengosaurus aus China.

Mit 17 m Länge und dem Gewicht von drei ausgewachsenen Elefanten war er eines der größten Landtiere aller Zeiten.

Große Frage

Die Hadrosaurier entwickelten sich zu Giganten von sauropodenähnlichen Ausmaßen. Aber hatte ein solcher Riesenwuchs irgendwelche Vorteile? Vielleicht nutzten die Dinosaurier wie heutige Elefanten ihre Größe, um Angreifer in die Flucht zu schlagen oder um an hohe Pflanzen heranzukommen.

Ein so großer Hadrosaurier muss riesige, dreizehige Fußabdrücke von einem Meter Länge hinterlassen haben. Solche Spuren hat man in Nordamerika entdeckt, allerdings nicht in China, wo Zhuchengosaurus gefunden wurde.

Wie alle Hadrosaurier dürfte Zhuchengosaurus vier Finger gehabt haben, wobei drei davon zum Gehen benutzt wurden. Die Hand- und Armknochen müssen sehr kräftig gewesen sein, um das gewaltige Gewicht zu tragen.

Frühes Experiment

Zhuchengosaurus war einer der ersten Hadrosaurier. Die meisten anderen frühen Hadrosaurier waren viel kleiner, sodass Zhuchengosaurus offenbar ein frühes »Experiment« der Natur mit Riesenwuchs darstellt. Sein Kopf war um die 70 cm lang. Die Arme maßen über 2 m und jedes Hinterbein war um die 4 m lang.

Lange Knochendornen an der Oberseite der Wirbel zeigen, dass der Saurier einen hohen Kamm hatte, der sich über Rücken, Becken und Schwanz zog.

Zhuchengosaurus

Zeitraum:	vor 100–70 Mio. Jahren
Fundorte:	China
Größe:	17 m lang
Gewicht:	15 t
Ernährung:	herbivor
Geschwindigkeit:	ca. 25 km/h
Gefährlichkeit:	hoch

Haushoher Pflanzenfresser

Hadrosaurier konnten sich auf die Hinterbeine stellen, um hohe Pflanzen und Bäume abzuweiden, gingen aber auf allen vieren. Zhuchengosaurus war so riesig, dass sein Kopf 4 m über dem Boden war, selbst wenn er auf allen vieren stand. Auf den Hinterbeinen stehend, war er so hoch wie ein Haus.

Der schrägste Kamm

Vielleicht war der Kamm durch einen Hautlappen mit dem Hals verbunden. Von mumifizierten Exemplaren wissen wir, dass zumindest einige Hadrosaurier solche Hautlappen hatten.

Parasaurolophus

Verschiedene Hadrosaurier hatten einen auffälligen Kopfschmuck, aber bei keinem war er so bizarr wie bei Parasaurolophus.

Der Knochenzapfen war einen Meter lang – der längste Kamm von allen Dinosauriern – und von merkwürdig verschlungenen Röhren durchzogen, mit denen der Saurier einen lauten, tiefen Ton erzeugt haben könnte, ähnlich wie ein Nebelhorn.

Parasaurolophus könnte seinen stattlichen Kamm auch benutzt haben, um andere Dinosaurier zu beeindrucken und Paarungspartner anzulocken.

Wer bist du?

Parasaurolophus hatte einen langen, relativ geraden Knochenzapfen. Andere Hadrosaurier hatten Kämme in Platten-, Axt- oder Fächerform, wie etwa Lambeosaurus (links). Vielleicht erkannten Artgenossen einander an der Form des Kamms.

Top 5 der bizarren Kämme

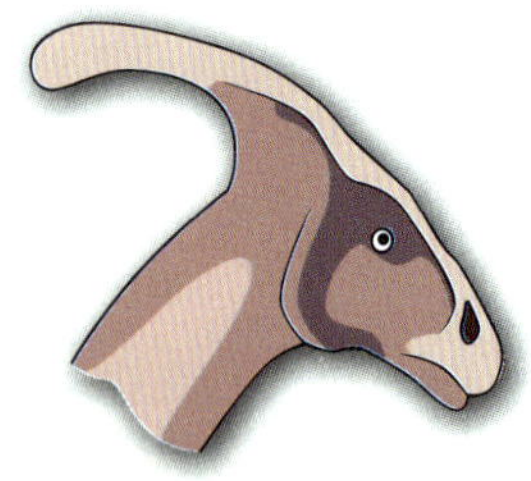

1 ➡ Parasaurolophus

2 ➡ Olorotitan

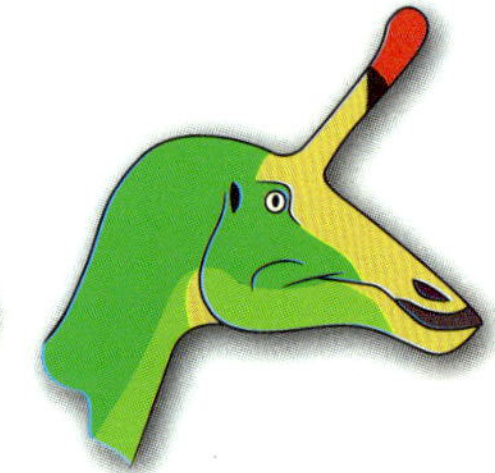

3 ➡ Tsintaosaurus

4 ➡ Charonosaurus

5 ➡ Lambeosaurus

Parasaurolophus

Zeitraum:	vor 76–73 Mio. Jahren
Fundorte:	USA, Kanada
Größe:	7,5 m lang
Gewicht:	ca. 2,5 t
Ernährung:	herbivor
Geschwindigkeit:	bis 40 km/h
Gefährlichkeit:	niedrig

Warnruf

Möglicherweise hat Parasaurolophus seinen Kamm als eine Art Signalhorn eingesetzt, um die Herde vor Gefahr zu warnen. So konnten die Tiere sich auch über große Entfernungen hinweg verständigen.

Verwirrender Kamm

Bevor Experten herausfanden, dass der hohle Knochenzapfen von Parasaurolophus wie eine Trompete funktionierte, hielten ihn manche für ein Luftreservoir oder einen Schnorchel, mit dem der Dinosaurier tauchen konnte. Andere meinten, der Kamm habe das Tier wie ein Helm vor tiefen Ästen geschützt, wenn es durch den Wald rannte. Diese Theorien sind inzwischen widerlegt.

Der stachligste Dinosaurier

Edmontonia

Ein pflanzenfressender Dinosaurier aus Nordamerika namens Edmontonia gewinnt den Titel in der Kategorie »stachligster Dinosaurier aller Zeiten«.

Stumpfe Knochendornen ragten seitlich aus seinem Körper, aber noch verblüffender sind die langen, spitz zulaufenden Stacheln an Schultern und Hals. Sie waren wahrscheinlich ideal zur Abwehr von Raubsauriern wie Tyrannosaurus rex.

Zwei der größten Dornen gabelten sich nahe dem Ansatz. Es ist denkbar, dass die Dinosaurier bei Kämpfen um Reviere und Paarungspartner an diesen Stellen ineinander verhakten.

Stachelmonster

Die längsten Stacheln wuchsen aus den Schultern. Beim lebenden Tier waren sie vermutlich noch länger und spitzer, als wir sie von den Fossilien kennen, da sie mit einer Hornschicht überzogen waren.

Edmontonias Schädel war oben und an den Seiten mit großen Panzerplatten bedeckt. Knochenwülste um Augen und Wangen herum boten zusätzlichen Schutz.

Stämmig und stachlig

Wie die meisten gepanzerten Dinosaurier hatte Edmontonia einen sehr breiten und flachen Körper. Der Rücken war kaum gewölbt, die vier Beine kurz und muskulös, der Schwanz lang. Das alles machte Edmontonia sehr standfest und machte es einem Räuber wie Tyrannosaurus rex sicherlich sehr schwer, ihn im Kampf auf den Rücken zu werfen.

Edmontonia

Zeitraum:	vor 70 – 65 Mio. Jahren
Fundorte:	USA, Kanada
Größe:	6 m lang
Gewicht:	3 t
Ernährung:	herbivor
Geschwindigkeit:	ca. 25 km/h
Gefährlichkeit:	mittel

Mit den spitzen Stacheln konnte Edmontonia Fressfeinden und Rivalen böse Verletzungen zufügen.

Attacke!

Die längsten Stacheln waren bei Edmontonia nach vorne geneigt, waren also nur sinnvoll, wenn das Tier auf einen Angreifer zuging. Wäre es davongelaufen oder hätte sich auf den Boden gekauert, dann wären Hinterleib und Schwanz ungeschützt gewesen. Möglicherweise griff Edmontonia also sofort an, wenn er einem Räuber begegnete, wie es auch die heutigen Stiere tun.

Der Rumpf war durch Reihen von Knochenplatten geschützt. Dicke, quadratische Platten im Nacken verhinderten, dass Edmontonia bei Kämpfen schwere Verletzungen davontrug.

Das merkwürdigste Aussehen

Therizinosaurus

Der in der Mongolei gefundene Therizinosaurus war eine der merkwürdigsten Erscheinungen im ganzen Dinosaurier-Reich.

Mit seinen Federn, den langen Krallen und dem dicken Bauch sah er aus wie eine Kreuzung zwischen einem Kamel und einer fetten, zerrupften Gans mit Zähnen! Vermutlich lief er in aufrechter Haltung, im Gegensatz zu den meisten anderen Dinosauriern.

Therizinosaurus ist so einmalig, dass die Experten jahrzehntelang darüber rätselten, wie sie ihn einordnen sollten.

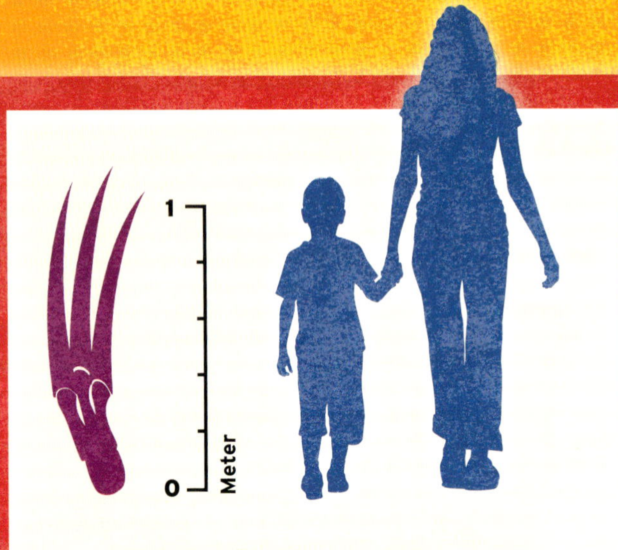

Riesenkrallen

Therizinosaurus hatte breite, kurze Füße mit vier Zehen und langen, gebogenen Krallen. Seine Hinterbeine waren kurz und sein Rumpf sehr breit, weshalb er wahrscheinlich ein schlechter Läufer war. Das ist vielleicht eine Erklärung für die extrem langen Krallen an den Händen: Da er vor Räubern nicht davonlaufen konnte, versuchte er sie mit seinen Krallen in die Flucht zu schlagen.

Therizinosaurus

Zeitraum:	vor ca. 65 Mio. Jahren
Fundorte:	Mongolei
Größe:	10 m lang
Gewicht:	ca. 5 t
Ernährung:	omnivor
Geschwindigkeit:	ca. 30 km/h
Gefährlichkeit:	mittel

Der lange, schlanke Hals verlieh Therizinosaurus zwar ein merkwürdiges Aussehen, aber er gab ihm auch eine große Reichweite und half ihm, nach Räubern Ausschau zu halten. Zugleich jedoch war er bei Angriffen ein besonders schlecht geschützter Körperteil.

Gefiederter Verwandter

Bei den bisher gefundenen Fossilien von Therizinosaurus waren keine Federn erhalten, dafür aber bei einem anderen, ganz ähnlichen vogelartigen Dinosaurier namens Beipiaosaurus. Wir können daher annehmen, dass Therizinosaurus ebenfalls befiedert war. Die Experten glauben, dass er lange Federn an den Armen hatte, einen großen pfauenartigen Federfächer an seinem kurzen Schwanz sowie einen mit Federn und Stacheln bedeckten Rumpf.

Die Armfedern könnten bis zu 50 cm lang gewesen sein – aber das sind bisher nur Vermutungen.

Federmonster

Therizinosaurus war nicht der einzige grotesk aussehende gefiederte Riese. Ein großer Oviraptor namens Gigantoraptor sah ebenfalls sehr eigenartig aus. Er glich Citipati (s. S. 18), war aber sehr viel größer. Wahrscheinlich hatte er lange Federn an den Armen, einen Federfächer am Schwanz und am ganzen Körper ein zotteliges Federkleid. Von ihm stammt möglicherweise das größte Dinosaurier-Nest, das je gefunden wurde (s. S. 96).

Gefährlichster Räuber

Utahraptor

Der riesige, vogelartige Utahraptor war einer der am besten bewaffneten Raubsaurier.

Das Maul dieses furchterregenden Jägers war mit zahlreichen spitzen Zähnen gespickt und an Händen und Füßen trug er gewaltige, gebogene Krallen. Diese tödlichen Waffen machten ihn zu einem der gefährlichsten Räuber unter den Dinosauriern.

Packen und Aufschlitzen

Anders als wir Menschen konnte Utahraptor seine Handgelenke nicht nach unten drehen – die Handflächen zeigten immer nach innen. Damit hielt er wahrscheinlich kleine Beutetiere wie Säugetiere oder junge Dinosaurier fest oder er schlitzte großen Dinosauriern mit den Krallen die Haut auf.

Utahraptor wog ungefähr so viel wie ein großer heutiger Braunbär.

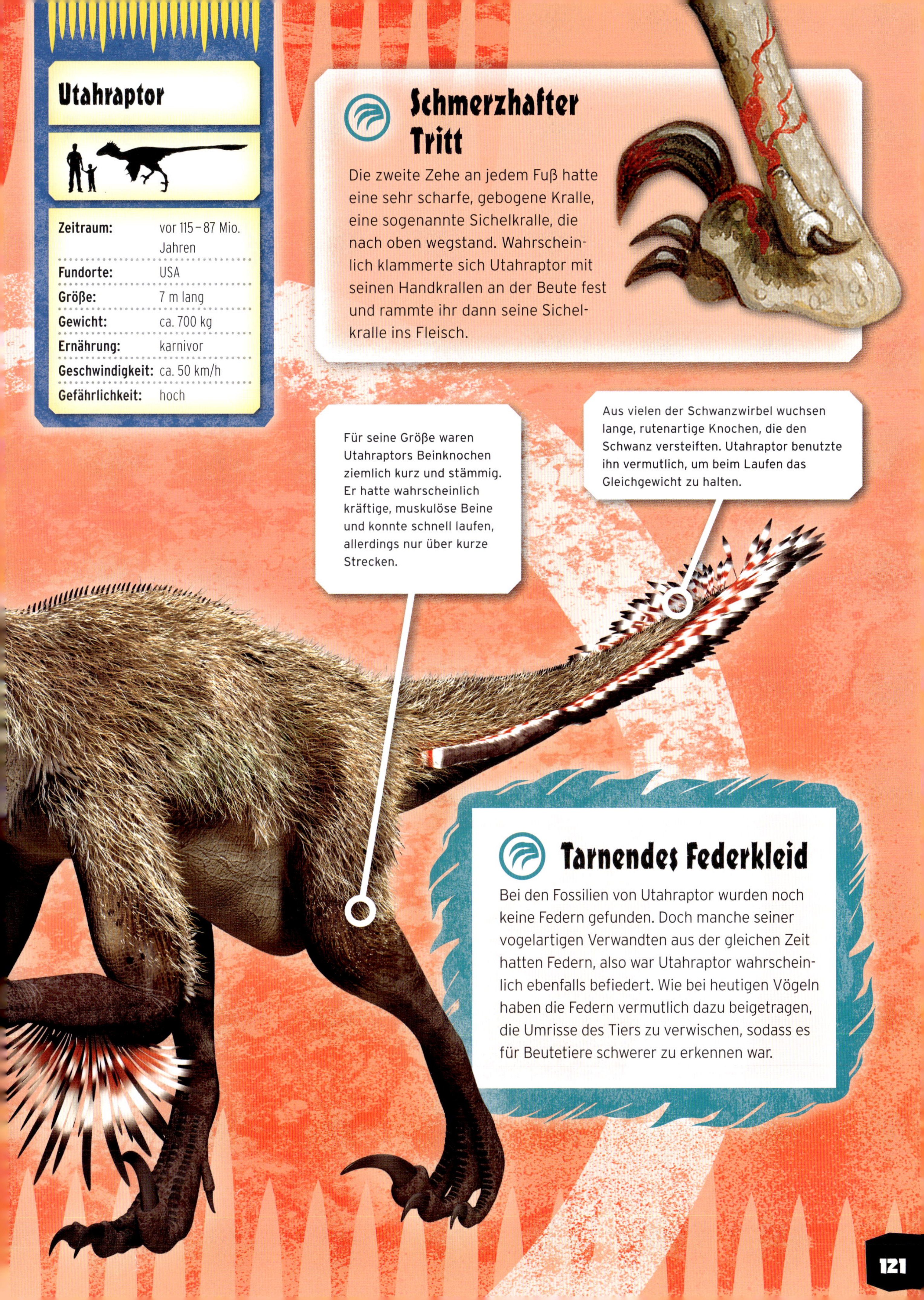

Utahraptor

Zeitraum:	vor 115 – 87 Mio. Jahren
Fundorte:	USA
Größe:	7 m lang
Gewicht:	ca. 700 kg
Ernährung:	karnivor
Geschwindigkeit:	ca. 50 km/h
Gefährlichkeit:	hoch

Schmerzhafter Tritt

Die zweite Zehe an jedem Fuß hatte eine sehr scharfe, gebogene Kralle, eine sogenannte Sichelkralle, die nach oben wegstand. Wahrscheinlich klammerte sich Utahraptor mit seinen Handkrallen an der Beute fest und rammte ihr dann seine Sichelkralle ins Fleisch.

Für seine Größe waren Utahraptors Beinknochen ziemlich kurz und stämmig. Er hatte wahrscheinlich kräftige, muskulöse Beine und konnte schnell laufen, allerdings nur über kurze Strecken.

Aus vielen der Schwanzwirbel wuchsen lange, rutenartige Knochen, die den Schwanz versteiften. Utahraptor benutzte ihn vermutlich, um beim Laufen das Gleichgewicht zu halten.

Tarnendes Federkleid

Bei den Fossilien von Utahraptor wurden noch keine Federn gefunden. Doch manche seiner vogelartigen Verwandten aus der gleichen Zeit hatten Federn, also war Utahraptor wahrscheinlich ebenfalls befiedert. Wie bei heutigen Vögeln haben die Federn vermutlich dazu beigetragen, die Umrisse des Tiers zu verwischen, sodass es für Beutetiere schwerer zu erkennen war.

Der Bunteste

Anchiornis

Der kleine, befiederte Anchiornis aus China ist der bunteste Dinosaurier, den wir kennen.

Er hatte einen rötlichen Kamm, sein Gesicht war rot und grau gesprenkelt und auf den Arm- und Beinfedern hatte er auffällige schwarz-weiße Muster. Andere, nicht befiederte Dinosaurier waren vielleicht noch bunter, aber das können wir nicht sicher wissen.

Das Geheimnis der Farbe

Heute können Experten herausfinden, welche Farbe die Federn von Dinosauriern hatten. Dazu untersuchen sie Stoffe in fossilen Federn, die an der Bildung von Farben beteiligt sind. Bei vielen solchen Fossilien lassen dunkle Streifen noch das ursprüngliche Muster erkennen. Manchmal sind auch die Melanosomen erhalten – winzige Zellbestandteile, die Farben erzeugen.

Auffallender Kontrast

Anchiornis war am Körper vorwiegend grau. Die langen Federn an Armen und Händen waren meist weiß, hatten aber schwarze Spitzen und Reihen von schwarzen Punkten. Die langen Beinfedern waren ebenfalls weiß mit schwarzen Tupfen. Wenn Anchiornis die Flügel ausbreitete, sah das wahrscheinlich ähnlich beeindruckend aus wie beim heutigen Wiedehopf.

Kein Vogel

Anchiornis sah aus wie ein etwa taubengroßer Vogel. Er hatte lange Arm-, Bein- und Schwanzfedern, einen buschigen Kamm und ein Kleid aus kurzen Federn. Aber er hatte auch Merkmale, die ihn von Vögeln unterscheiden, wie etwa die kurze, stumpfe Schnauze. In Wirklichkeit war er ein Dinosaurier aus der Gruppe der Troodontidae und verwandt mit dem wesentlich größeren Troodon (rechts).

Der rote Kamm, den wir so ähnlich auch bei heutigen Vögeln finden, sollte vielleicht Paarungspartner beeindrucken.

Die langen Arm- und Handfedern verbargen wahrscheinlich den größten Teil des Arms, sodass nur die Fingerkrallen hervorschauten.

Überraschenderweise reichte bei Anchiornis das Federkleid bis zu den Zehenspitzen. Heutige Vögel mit befiederten Zehen leben meist in kalten Gegenden.

Anchiornis

Zeitraum:	vor 160–155 Mio. Jahren
Fundorte:	China
Größe:	40 cm lang
Gewicht:	250 g
Ernährung:	karnivor
Geschwindigkeit:	bis 40 km/h
Gefährlichkeit:	harmlos

Nördlichster Dinosaurier

Troodon

Fossilien von Troodon, einem Dinosaurier mit großen Augen und großem Gehirn, wurden hoch im Norden jenseits des Polarkreises gefunden: in den Felsregionen des nördlichen Alaska.

Troodon musste dort jedes Jahr viele Monate in winterlicher Kälte und Dunkelheit überstehen. Nur dank einer Kombination ungewöhnlicher Eigenschaften konnte er zum nördlichsten Dinosaurier werden, den wir kennen.

Mit seinen kleinen, sägeförmig gezackten Zähnen zerkleinerte er wahrscheinlich kleine Tiere, aber auch Blätter und Früchte.

Scharfe Sinne

Troodons hervorragende Sinne und sein relativ großes Gehirn halfen ihm, in der Kälte und Dunkelheit des hohen Nordens zu überleben. Riesige Augen ließen bei der nächtlichen Jagd genug Licht ein. Und mit seinem feinen Gehör konnte er ein verstecktes Beutetier aufspüren, wenn es nur das kleinste Geräusch machte.

Nicht wählerisch

Wenn Troodon tatsächlich den dunklen Winter über im hohen Norden ausharrte, war ein abwechslungsreicher Speiseplan sicherlich sinnvoll: große und kleine Tiere, lebendig oder tot, und auch pflanzliche Nahrung wie Blätter oder Früchte. Untersuchungen von Troodons gebogenen, gesägten Zähnen haben ergeben, dass er sie zum Töten und Zerteilen von Beutetieren, aber auch zum Zerkleinern von Blättern benutzte.

Troodon

Zeitraum:	vor 70 – 65 Mio. Jahren
Fundorte:	USA, Kanada
Größe:	2,5 m lang
Gewicht:	35 kg
Ernährung:	omnivor
Geschwindigkeit:	bis 50 km/h
Gefährlichkeit:	mittel

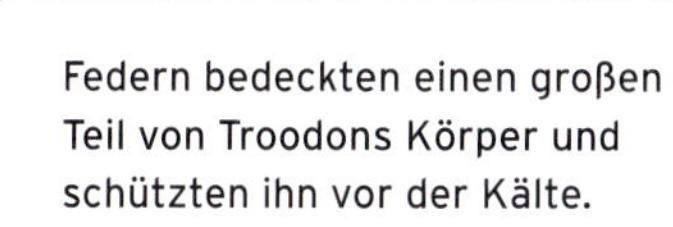

Federn bedeckten einen großen Teil von Troodons Körper und schützten ihn vor der Kälte.

An Fossilien verwandter Arten kann man sehen, dass Dinosaurier wie Troodon beim Schlafen den Schwanz um den Körper schlangen und den Kopf dazwischensteckten, um sich vor der Kälte zu schützen.

Dicht eingemummt

Troodon hatte wahrscheinlich Federn an Armen, Beinen und Schwanz sowie ein dichtes, fellartiges Federkleid am Körper, ähnlich wie die heutige Schnee-Eule (rechts) und andere arktische Vögel. Diese Federn halfen Troodon, in der Kälte zu überleben. Er war vermutlich gleichwarm, wie auch heutige Tiere in kalten Lebensräumen.

Das größte Massensterben

Vor 65 Millionen Jahren, am Ende der Kreidezeit, kam es zum verheerendsten Massenaussterben aller Zeiten. Dabei wurden 80 Prozent aller Lebewesen ausgelöscht und die Herrschaft der Dinosaurier fand ein jähes Ende.

Eine Theorie lautet, dass die Katastrophe durch den Einschlag eines riesigen Asteroiden verursacht wurde. Es gibt jedoch Anzeichen dafür, dass viele Gruppen von Lebewesen schon vor dem Asteroideneinschlag große Probleme hatten.

Während der Kreidezeit trockneten die flachen Meere auf der ganzen Erde aus. Die Lebensräume an den Küsten wurden zerstört, Klima und Pflanzenwelt veränderten sich. Alle diese Entwicklungen machten den Dinosauriern schwer zu schaffen.

Gewaltige Explosion

Zu der Asteroiden-Theorie passt ein gewaltiger Krater in Mexiko, der vor ungefähr 65 Millionen Jahren entstanden ist. Der Chicxulub-Krater hat einen Durchmesser von über 180 km und entstand, als ein 10 km dicker Gesteinsbrocken die Erde traf. Die Wucht des Aufschlags war 2 Millionen Mal stärker als die stärkste je von Menschen erzeugte Explosion.

Gegen Ende der Kreidezeit strömten bis zu zwei Millionen Kubikkilometer Lava aus Vulkanspalten in Indien. Giftige Gase entwichen somit in die Atmosphäre und veränderten möglicherweise das Klima auf der Erde. Auch dies könnte zu dem Massensterben beigetragen haben.
Asteroideneinschlag!
Tiere und Pflanzen in unmittelbarer Nähe verdampfen.
Tiere und Pflanzen im Umkreis von einem Kilometer verbrennen.
Die Hitze der Explosion führt zu großen Feuersbrünsten.
Die Erschütterung löst riesige Flutwellen aus.
Der aufgewirbelte Staub verdunkelt die Sonne für Monate, Jahre oder gar Jahrzehnte.
Chemikalien werden in die Atmosphäre geschleudert und gehen als saurer Regen wieder nieder.
Der Asteroideneinschlag erzeugte eine hell leuchtende Wolke, die sich viele Kilometer hoch in den Himmel erhob. Alles, was damit in Berührung kam, verdampfte augenblicklich.
Meerestiere und fliegende Reptilien gingen bei dem Massensterben ebenso zugrunde wie viele Gruppen von Echsen und Säugetieren. Auch die Dinosaurier waren stark betroffen, doch nicht alle starben aus. Ein Zweig überlebte bis heute: die Vögel.

Glossar

Anpassung Die Fähigkeit von Lebewesen (Pflanzen oder Tieren), sich im Laufe von Generationen auf eine Veränderung der Umwelt einzustellen und dazu passende Eigenschaften zu entwickeln.

Balz Das Werben um einen Paarungspartner, z.B. durch besonders prächtiges Aussehen oder auffälliges Verhalten.

Beutegreifer (auch: Räuber) Ein → karnivores Tier, das davon lebt, andere Tiere zu fangen, zu töten und zu fressen. Wölfe, Tiger und Haie gehören zu den Beutegreifern, aber auch Marienkäfer und Rotkehlchen.

binokulares Sehen (auch: stereoskopisches Sehen) Räumliches Sehen, dass dadurch möglich wird, dass sich das Sehfeld der beiden nach vorne ausgerichteten Augen (z.B. bei Eulen) überschneidet (ist also nicht möglich bei Tieren, deren Augen seitlich am Kopf liegen, wie z.B. Kaninchen).

Brutpflege Hüten, Beschützen und Füttern von Eiern bzw. Jungtieren durch die Elterntiere (anstatt sie sich selbst zu überlassen, wie es manche Tierarten auch tun).

Chicxulub-Krater Ein riesiger Krater in Mexiko mit einem Durchmesser von 180 km. Entstand am Ende der Kreidezeit durch den Aufschlag eines Asteroiden (eines gewaltigen Felsbrockens aus dem Weltall) auf der Erde. Trotz seiner Größe ist er nicht leicht zu erkennen, und so wurde er erst in den 1970er-Jahren entdeckt.

Crurotarsi Gruppe von Reptilien, zu der die heutigen Krokodile und ihre urzeitlichen Verwandten gehören. In der → Trias lebten viele verschiedene Arten von Crurotarsi, doch nur die Krokodile überlebten diese Periode.

Dinosaurier-Renaissance Von einer Renaissance spricht man, wenn das Interesse an einem alten Thema neu auflebt, oft durch die Ideen und das Wirken Einzelner oder einer kleinen Gruppe. Eine Dinosaurier-Renaissance gab es in den 1960er-Jahren, als Robert Bakker die Idee aufbrachte, die Dinosaurier könnten gleichwarme Tiere gewesen sein. Damit regte er seine Kollegen dazu an, ihr Wissen über Dinosaurier ganz neu zu überdenken.

Dornfortsatz Nach hinten gerichteter, dornartiger Fortsatz (Verlängerung) an einem → Wirbelknochen.

Fossil Totes Lebewesen, von dem bestimmte Teile wie Knochen oder Schalen sich durch chemische und physikalische Vorgänge im Boden in Gestein umwandeln und so in ihrer Form erhalten bleiben.

Fressfeind Tier, das ein bestimmtes anderes Tier frisst. Der Habicht z.B. ist der Fressfeind der Maus. S.a. **Beutegreifer, karnivor**

Gehörsteinchen oder Otolith Kleine Körnchen oder Steinchen im Ohr bestimmter Tiere, die dem Gleichgewichtssinn dienen.

gleichwarm (oft auch fälschlich »warmblütig«): Fähigkeit von Tieren, ihre Körperwärme selbst zu erzeugen und aufrechtzuerhalten. Säugetiere und Vögel sind gleichwarm, aber auch manche Insekten und Fische. Es gibt Hinweise darauf, dass zumindest einige Dinosaurier des → Mesozoikums gleichwarm waren. S.a. **wechselwarm**

Glykogenkörper Ein rundliches Organ, das bei vielen Dinosauriern und den heutigen Vögeln im Beckenabschnitt der Wirbelsäule zu finden ist. Seine Aufgabe ist noch unbekannt; es könnte als Energiespeicher oder Gleichgewichtsorgan gedient haben.

Hadrosaurier Auch »Entenschnabelsaurier« genannt. Eine Gruppe von herbivoren Dinosauriern der → Kreidezeit mit Hornschnäbeln und z.T. auffälligen Knochenkämmen. Beispiele sind Parasaurolophus und Edmontosaurus.

herbivor Pflanzenfressend. Tiere, die sich von Pflanzen und nicht von anderen Tieren ernähren, heißen Herbivore. Sie haben meist einen sehr langen Darm und Zähne, die zum Kauen von Pflanzen geeignet sind. S.a. **karnivor, omnivor**

Heterodontosaurier Eine Gruppe von kleinen, wahrscheinlich → omnivoren Dinosauriern, die für ihre großen Fangzähne bekannt sind. Mit langen Händen mit Krallen sowie langen, schlanken Hinterbeinen. Gehören zu den frühesten Vertretern der → Ornithischier.

Ichthyosaurier Fischsaurier; eine Gruppe von schwimmenden Meeresreptilien des → Mesozoikums. Die frühen Vertreter sahen aus wie Echsen mit Flossen, die bekanntesten Arten jedoch hatten die Gestalt von Fischen, mit Rückenflossen und haiähnlichen Schwänzen.

imponieren Beeindrucken oder einschüchtern. Im Tierreich dient Imponiergehabe dazu, Kämpfe zu vermeiden, indem ein Gegner oder Konkurrent so eingeschüchtert wird, dass er es gar nicht erst wagt, anzugreifen oder dem Tier das Fressen wegzunehmen oder ein Weibchen abzuwerben.

Jura Der Zeitabschnitt zwischen → Trias und → Kreide, der vor 200 Millionen Jahren begann und vor 145 Millionen Jahren endete. Die Dinosaurier waren in dieser Zeit die vorherrschenden Landtiere.

karnivor (manchmal auch »carnivor« geschrieben). Fleischfressend. Tiere, die hauptsächlich andere Tiere und kaum oder nie Pflanzen fressen, nennt man auch Karnivore. Haie, Tiger und Tyrannosaurus rex zählen alle zu den Karnivoren. S.a. **herbivor, omnivor**

Kreidezeit Der Zeitabschnitt zwischen → Jura und Paläozän, der vor 145 Millionen Jahren begann und vor 65 Millionen Jahren endete. In der Kreide waren die Dinosaurier die vorherrschenden Landtiere.

Lebensraum Die bestimmte Umgebung, in der eine Art normalerweise lebt, z.B. Wald, Meer, Wüste etc.

Macroelongatoolithus Fremdwort für ein bestimmtes fossiles Nest von Dinosaurier-Eiern; setzt sich zusammen aus den griechischen bzw. lateinischen Wörtern für groß, länglich, Ei und Stein.

Mahlzahn Spezieller Zahn im Gebiss von Pflanzenfressern. Ist so gebaut, dass damit harte Pflanzennahrung zermahlen werden kann.

Mesozoikum »Erdmittelalter«; ein Erdzeitalter, das vor 250 Millionen Jahren begann und vor 65 Millionen Jahren endete; es umfasst → Trias, → Jura und → Kreide. Das Mesozoikum wird oft das »Zeitalter der Reptilien« genannt. Es ist die Zeit, in der die Dinosaurier das Leben an Land beherrschten.

Mumifizierung Vorgang, bei dem tote Lebewesen nicht zerfallen oder verfaulen, sondern völlig eintrocknen und dabei erhalten bleiben (»Mumie«). Passiert nur unter bestimmten Bedingungen.

Nickhaut Haut, die wie ein drittes Lid über das Auge gezogen werden kann. Nur bei bestimmten Tieren, z.B. Vögeln.

omnivor Allesfressend. Omnivore Tiere sind also Allesfresser und ernähren sich sowohl von Pflanzen als auch von Tieren. Wir Menschen sind omnivor, ebenso wie Schweine und Bären. Die Körper von Omnivoren haben sowohl Merkmale von Pflanzenfressern als auch solche von Fleischfressern. S.a. **herbivor, karnivor**

Ornithischier = Vogelbeckensaurier Eine Gruppe von überwiegend → herbivoren Dinosauriern, die sich durch einen besonderen Knochen im Unterkiefer und ein nach hinten gerichtetes Schambein (= Teil der Beckenknochen) auszeichnen. Stegosaurier, Ankylosaurier und Hadrosaurier gehören alle zu den Ornithischiern.

Paläontologe Wissenschaftler, der sich mit dem Leben in vergangenen Erdzeitaltern beschäftigt. Die meisten Paläontologen haben ein Spezialgebiet, wie zum Beispiel fossile Pflanzen, Dinosaurier oder fossile Meeresreptilien.

Pangäa Ehemals der einzige große Kontinent auf der Erde; vor 300 bis 150 Millionen Jahren. Zerbrach später in die Kontinente, die wir heute kennen.

Plankton Winzige Lebewesen, die sowohl im Meer als auch im Süßwasser treiben. Es können Tiere, Pflanzen, mikroskopisch kleine Bakterien oder andere Lebewesen sein.

Plesiosaurier Eine Gruppe von Meeresreptilien des Mesozoikums, die alle zwei Paare von flügelähnlichen Schwimmflossen hatten. Manche hatten einen kurzen Hals und einen großen Kopf, doch es gab auch Arten mit langem Hals und kleinem Kopf.

Pterosaurier Flugsaurier, d.h. Gruppe bestimmter urzeitlicher Reptilien, die fliegen konnten.

Räuber s. **Beutegreifer**

Reptilien Name für eine Gruppe von vierbeinigen Wirbeltieren mit schuppiger Haut, zu denen Schildkröten, Echsen, Schlangen und Krokodile gehören. Die meisten Reptilien sind → wechselwarm, aber manche von ihnen – darunter einige Dinosaurier-Arten einschließlich der → Pterosaurier – waren → gleichwarm und hatten Haare oder Federn.

saurer Regen Regenwasser, das bestimmte, für die Natur problematische Chemikalien enthält, die das Wasser u.a. sauer machen

Saurischier = Echsenbeckensaurier Gruppe von Dinosauriern mit besonders langem, biegsamem Hals, zu denen sowohl die → Theropoden (darunter auch die Vögel!) als auch die → Sauropoden und ihre Verwandten gehören.

Sauropoden Gruppe von langhalsigen, → herbivoren Dinosauriern, zu denen Diplodocus und Brachiosaurus gehören. Die meisten Sauropoden waren riesengroß und manche Arten zählen zu den größten Landtieren aller Zeiten.

Sediment Gesteinsschichten, die über viele Jahrmillionen entstanden sind. Gebildet aus Ablagerungen wie Staub, Schlamm etc. sowie kleinsten Teilchen von toten Pflanzen und Tieren, die an Land oder Meer zu Boden sinken. Die Schichten wachsen ganz langsam und werden schließlich zu Stein.

Theropoden Gruppe der → Saurischier, die nur auf den Hinterbeinen liefen und → karnivor waren.

Trias Die Periode zwischen Perm und → Jura; begann vor 250 Millionen Jahren und endete vor 200 Millionen Jahren. In der Trias erschienen die ersten Dinosaurier.

Volumen Rauminhalt. Ein Liter ist z.B. das Volumen einer Ein-Liter-Flasche.

wechselwarm (oft auch fälschlich »kaltblütig«): Eigenschaft von Tieren, selbst keine Körperwärme erzeugen zu können. Ihre Körpertemperatur schwankt deshalb, abhängig von der Umgebung. Der größte Teil der Lebewesen auf der Erde ist wechselwarm. S.a. **gleichwarm**

Wirbel Die einzelnen Knochen, aus denen sich die Wirbelsäule zusammensetzt. Menschen haben 33 Wirbel, Schlangen dagegen über 200.

Bildnachweis:

S. 4 Dr Darren Naish • S. 10: (o) Bettmann/Corbis (u) Crazytang/istockphoto.com • S. 11: sahua d/shutterstock • S. 13: Computer Earth/shutterstock • S. 14: Ulrich Mueller/shutterstock • S. 15: John Carnemolla/shutterstock • S. 16: Johan Swanepoel/shutterstock • S. 18: Eric Isselée/shutterstock • S. 20: Eric Isselée/shutterstock • S. 21: RichLindie/istockphoto.com • S. 22: Sheila Terry/Science Photo Library • S. 25: Julius T Csotonyi/Science Photo Library • S. 27: Sylvain Cordier (Imagebank)/Getty Images • S. 28: Ingus Rukis/shutterstock • S. 29: Vladimir Sazonov/shutterstock • S. 30: Ian Tragen/shutterstock • S. 31: R. Gino Santa Maria/shutterstock • S. 32: Paul D Stewart/Science Photo Library • S. 33: (o) Eric Isselée/shutterstock • S. 34: Olemac/shutterstock • S. 37: tatniz/shutterstock • S. 38: Wolfe Larry/shutterstock • S. 39: Photodisc • S. 43: Julia Mihatsch/shutterstock • S. 44: July Flower/shutterstock • S. 46: FloridaStock/shutterstock • S. 48: Four Oaks/shutterstock • S. 51: Joesboy/istockphoto.com • S. 52: iPics/shutterstock • S. 57: alexal/shutterstock • S. 58: JoeLena/istockphoto.com: • S. 59: Louie Psihoyos (Science Faction Jewels)/Getty Images • S. 61: Eric Isselée/shutterstock • S. 63 Pete Saloutos/shutterstock • S. 65: vedderman123/shutterstock • S. 66: Andrew Kerr/shutterstock • S. 67: EdeWolf/istockphoto.com • S. 69: AYImages/istockphoto.com • S. 71: (o/l) Michael Marsland/Yale University • S. 71: (o/r) bobainsworth/istockphoto.com • S. 71: (u/l) Louie Psihoyos/Corbis • S. 74: Jay Mitchell • S. 75: shrizzine/istockphoto.com • S. 77: Oleksii Abramov/shutterstock • S. 79: (o) stickyworm/istockphoto.com • S. 79: (u) Nagel Photography/shutterstock • S. 81: Four Oaks/shutterstock • S. 82: Philip O'Brien/shutterstock • S. 84: Louie Psihoyos/Corbis • S. 86: Messier111/istockphoto.com • S. 87: Sue Robinson/shutterstock • S. 89: Geanina Bechea/shutterstock • S. 91: Volodymyr Goinyk/shutterstock • S. 93: Eric Isselée/shutterstock • S. 94: APaterson/shutterstock • S. 95: Kjersti Joergensen/shutterstock • S. 97: Kathie Atkinson/(Oxford Scientific) Getty Images • S. 98: Ralf Juergen Kraft/shutterstock • S. 100: Rob Wilson/shutterstock • S. 101: loong/shutterstock • S. 107: jocrebbin/istockphoto.com • S. 108: Gerrit_de_Vries/shutterstock • S. 110: Michael C. Gray/shutterstock • S. 111: bierchen/shutterstock • S. 112: Ralf Juergen Kraft/shutterstock • S. 114: B.G. Smith/shutterstock • S. 115: Lasse Kristensen/shutter:stock • S. 117: Chris Twine/shutterstock • S. 119: Anna Kaewkhammul/shutterstock • S. 122: loong/shutterstock • S. 123 ramihalim/istockphoto.com • S. 125: Daniel Herbert/shutterstock • S. 126: James Thew/shutterstock • S. 127: Linda Bucklin/shutterstock

Es wurde jede Anstrengung unternommen, die Bildnachweise korrekt zu erstellen und die Copyright-Inhaber aller Bilder zu ermitteln. Der Originalverlag entschuldigt sich für alle unvollständigen Angaben und wird gegebenenfalls Korrekturen in zukünftigen Ausgaben vornehmen.